坝控流域水土保持措施的合理性评价
——基于坝地分层淤积信息

魏霞 魏宁 著

U0263502

科学出版社

北京

内 容 简 介

本书以陕北地区黄土高原小流域的典型淤地坝为研究对象，利用典型淤地坝坝地淤积物包含的自然环境和人类活动的历史变化信息，采用野外布点采样、实地观测与室内实验分析的方法，提取典型淤地坝分层淤积信息；基于分层淤积信息和黄土高原暴雨径流产沙理论，研究典型淤地坝坝地淤积过程与侵蚀性降雨响应，溯源分层淤积泥沙对应的次暴雨或特大暴雨，量化侵蚀性降雨对淤积过程的影响；结合分层淤积物土壤颗粒大小分布和分形理论，评价典型淤地坝淤积年限内坝控流域已有水土保措施的合理性。

本书可供土壤侵蚀与水土保持、泥沙治理、地理、生态环境、水文、河流地貌等领域的科研工作者、管理者和技术人员参考，也可供相关专业高校师生参考使用。

图书在版编目（CIP）数据

坝控流域水土保持措施的合理性评价：基于坝地分层淤积信息 / 魏霞，魏宁著. —北京：科学出版社，2022.6
　　ISBN 978-7-03-071029-1

Ⅰ. ①坝… Ⅱ. ①魏… ②魏… Ⅲ. ①黄土高原-小流域-坝地-水土保持-研究-陕西 Ⅳ. ①S157.3

中国版本图书馆 CIP 数据核字（2021）第 268847 号

责任编辑：祝　洁　汤宇晨 / 责任校对：任苗苗
责任印制：张　伟 / 封面设计：蓝正设计

科 学 出 版 社 出版
北京东黄城根北街 16 号
邮政编码：100717
http://www.sciencep.com

北京中石油彩色印刷有限责任公司 印刷
科学出版社发行　各地新华书店经销

*

2022 年 6 月第 一 版　开本：720×1000　1/16
2022 年 6 月第一次印刷　印张：8
字数：160 000
定价：98.00 元
（如有印装质量问题，我社负责调换）

前　言

　　泥沙问题是黄河治理的症结所在，减少入黄泥沙一直是黄河治理的重要任务之一。黄河泥沙主要来源于黄河中游的黄土高原地区，大量泥沙不仅淤塞河道坝库，使坝库作用难以正常发挥，而且抬高下游河床，使黄河成为"地上悬河"，严重威胁着两岸人民的生命财产安全。修建于黄土高原千沟万壑中的淤地坝，作为小流域水土流失综合治理体系中的最后一道防线，封堵了泥沙向下游输送的通道，在泥沙汇集处和通道处形成了一道人工屏障，在解决黄河泥沙问题、确保黄河安澜方面发挥了重要作用。同时，淤地坝在改善生态环境及农业生产条件、建设稳产高产基本农田、调整农村产业结构、促进区域经济发展等方面，也发挥着极其重要的作用。

　　本书内容源自国家自然科学基金项目"典型淤地坝淤积过程辨识及其主要影响因素研究"(41001154)和博士后科学基金项目"基于坝地分层淤积信息的淤积过程与坝控流域坡沟侵蚀产沙的响应研究"(20110490862)，汇集了典型淤地坝选取、坝地分层淤积信息提取、典型淤地坝淤积过程特征及其与侵蚀性降雨和流域水土流失治理措施关系等方面的研究成果。本书共5章。第1章为绪论，介绍黄土高原地区淤地坝建设情况和相关研究进展。第2章为研究区概况，选取黄土高原三个典型流域，分别从自然地理概况和社会经济情况进行介绍。第3章从典型淤地坝的选取原则、坝地淤积物的分层标准、分层淤积土样的采集、分层淤积信息提取与分布特征、次暴雨淤积量求解等方面进行介绍。第4章以黄土高原降雨径流产沙理论为依据，基于典型淤地坝的分层淤积量和相应水文站的降雨资料，辨识典型淤地坝的淤积过程；同时，利用灰色关联分析法，分析淤地坝淤积过程与侵蚀性降雨的响应。第5章基于典型淤地坝坝地分层淤积土样的颗粒大小分布信息，结合分形理论，评价淤积年限内坝控流域已有水土保持措施的合理性。

　　在收集本书资料的过程中，得到黄河上中游管理局、黄河水利委员会绥德水土保持科学试验站、陕西省榆林市子洲县水务局和靖边县水务局、中国气象局等机构的支持与帮助，在此一并表示感谢！本书内容引用了一些学者的科研成果，在此谨向他们表示衷心的感谢！科学出版社为本书的出版提供了大力协助，编辑人员付出了辛勤劳动，一并表示最诚挚的感谢！

坝控流域水土保持措施的合理性评价是水土保持研究领域非常重要的一个分支,书中提及部分研究还处于探索阶段。限于作者的知识水平和能力,书中难免有不足之处,敬请读者不吝赐教。

作 者

2021 年 12 月

目　　录

第1章 绪 论

1.1 研究背景和意义

土壤侵蚀是世界性的重大环境问题。强烈的水土流失是生态环境恶化、土地资源退化乃至彻底破坏的重要原因,制约了土地生产潜力的发挥,严重影响当地工农业生产和生活水平,与当今世界可持续发展的理念相悖(Wei et al., 2016; Li et al., 2016, 2011a, 2011b; 唐克丽, 2004)。位于黄河中游地区的黄土高原是全球黄土分布面积最广、厚度最大、地层分布最全的高地,面积约为 63.5 万 km², 是我国乃至世界土壤侵蚀与水土流失最为严重的地区之一。该地区地形破碎,沟壑纵横,陡坡侵蚀、沟道侵蚀独特且严重,产沙强度高。因此,它以强烈的土壤侵蚀并向黄河输入大量的泥沙而著称于世。研究表明,黄土高原向黄河贡献了 97% 的泥沙(胡春宏等, 2020a; 刘晓燕, 2020),是黄河泥沙的主要来源区(Zhao et al., 2019; 刘晓燕等, 2017; Wei et al., 2016; Li et al., 2016, 2011a, 2011b)。然而,黄河泥沙每年约有 4 亿 t 淤积在下游河床,使黄河下游形成千里"悬河",直接威胁着黄淮海地区人民的财产安全(穆兴民等, 2014; 水利部等, 2010)。"黄河之患,患在泥沙",泥沙问题一直在黄河研究中占据重要地位。为加速黄土高原水土流失治理,减少入黄泥沙,根治黄河水害,自 20 世纪 70 年代,我国在黄土高原地区先后开展了小流域水土流失综合治理、退耕还林还草、淤地坝建设和坡耕地整治等一系列生态工程(胡春宏等, 2020a; Fu et al., 2017),使黄土高原地区的土地利用和地表覆盖条件发生强烈演变(胡春宏等, 2020a; Feng et al., 2016; Chen et al., 2015)。经过几十年的水土流失治理,黄土高原水土保持工作取得了重要进展(李宗善等, 2019; 刘国彬等, 2016; 董仁才等, 2008; 刘震, 2005),黄土高原主色调已由黄变绿,入黄泥沙量由 1919~1959 年 16 亿 t/a 锐减至 2000~2018 年约 2.5 亿 t/a(刘晓燕, 2020; 陈祖煜等, 2020; 冯家豪等, 2020; 胡春宏等, 2020a, 2020b, 2018; Zheng et al., 2019; 穆兴民等, 2019; Wang et al., 2015; Yue et al., 2014)。虽然从总量上来看黄河泥沙显著减少,但这并不能说明黄土高原的土壤侵蚀问题得到了控制和解决。由于气候变化和人类活动的复杂影响,严峻的水土流失仍是黄土高原地区最大的环境问题。大量的泥沙不但加剧了黄河的洪水灾害,严重威胁着黄河下游人民的生命安全,而且给黄河流域的水资源利用带来极为不利的影响。可以说，能否在黄土高原地区有效控制水土流失，是根治黄河之患的关键，直接关系到当地生态环境保护和高质量发展目标的实现，以及我国经济繁荣昌盛的进程。

实践证明，单靠坡面水土保持措施很难在短时间内改善当地严重的土壤侵蚀和水土流失状况。因此，以小流域为单元，坡面、沟道综合治理在我国黄土高原地区被广泛应用(刘国彬等，2016；彭珂珊，2013；董仁才等，2008；王礼先，2006；黄河水利委员会西峰水土保持科学试验站，2005；刘震，2005)。现今，小流域综合治理已成为我国乃至世界各国水土流失治理的典范，但由于缺乏权威和标准的综合治理效益评价方法，评价结果存在很大的不确定性(董仁才等，2008)，且不能全面反映小流域综合治理对流域生态系统和社会经济的深远影响(董仁才等，2008；康玲玲等，2002)。淤地坝作为小流域综合治理过程中径流泥沙控制的最后一道防线，在小流域综合治理过程中具有重要作用。坝地淤积物记录着淤积年限内坝控流域气候变化和侵蚀环境变化的重要信息，尤其是对于上方没有任何支流汇入，坝体附近没有任何泄洪设施的"闷葫芦"坝，其坝地淤积物全部来自坝控流域不同土地利用类型表层或者更深层的土壤。因此，"闷葫芦"坝坝地分层淤积物所蕴含的分层淤积信息可以反映坝控流域淤积年限内的水土流失情况，对分析坝控流域土壤侵蚀变化具有重要意义。同时，已有研究认为土壤是一种具有分形特征的分散多孔介质，土壤颗粒分形维数是反映土壤结构几何形状的参数，表现为黏粒含量越高、质地越细，分形维数越大；反之，砂粒含量越高、质地越粗，分形维数越小(Wei et al.，2016；方萍等，2011；Liu et al.，2009；苏永中等，2004)。此外，土壤颗粒分形维数能客观地反映退化土壤结构状况和退化程度，可以作为退化土壤结构的一个综合性评价指标。鉴于此，本书对陕北黄土高原的淤地坝进行实际调研与勘测，选取典型淤地坝，提取其坝地分层淤积物信息，利用分形理论，评价淤积年限内典型淤地坝坝控流域已有水土保持措施的合理性。

1.2　研　究　进　展

1.2.1　淤地坝建设与发展历程

淤地坝是指在水土流失地区的各级沟道中，以拦泥淤地为目的修建的坝工建筑物，主要用于拦蓄坡面径流泥沙，是防治沟道侵蚀的主要工程措施之一。淤地坝是黄土高原地区的广大人民群众在长期同水土流失的斗争实践中，创造的一种行之有效的既能拦截泥沙、保持水土，又能淤地造田、增加粮食产量而深受当地群众欢迎的水土保持工程措施。淤地坝坝前淤积的泥沙稳定和抬高了沟道侵蚀基准面，防止沟底下切和沟岸坍塌，控制沟头前进和沟壁扩张，可拦泥、蓄洪和削峰，减少入河入库泥沙，减轻下游洪水泥沙灾害，且淤积的泥沙颗粒养分含量高、水分条件好，因此坝地生产力明显优于坡耕地，深受当地群众欢迎。淤地坝的主要作用和效益具体体现在以下五方面。

1) 沟道坝系建设是治理水土流失和减少入黄泥沙的关键措施

沟道是径流泥沙的集中通道。有数据表明，占黄土高原地区总面积 40%的沟谷地，其产沙量能占到总产沙量的 60%以上。沟道淤地坝工程建设能够快速、有效地拦蓄径流泥沙，抬高侵蚀基准面，遏止沟床下切、沟岸扩张和沟头前进，降低重力侵蚀的发生概率，从而减少进入流域下游的径流泥沙量。实践证明，不论是较大区间的重点支流，还是较小流域，淤地坝工程拦蓄径流泥沙作用显著，是其他水土保持措施无可比拟和无法替代的。

2) 沟道坝系建设是实现区域产业结构调整和退耕还林还草的基础

沟道坝系工程将洪水泥沙就地拦蓄，水土资源得到充分利用，使荒沟变良田。在人多地少的土壤侵蚀和水土流失严重地区，淤地坝建设成为增加基本农田面积的一个很重要的途径。由于淤地坝所拦蓄的泥沙大多来源于流域内不同土地利用类型表层的土壤，腐殖质含量高，相应有机质含量也高，坝地水分充足，坝地地表比降小，给粮食高产、稳产提供了有利条件。

3) 淤地坝建设改善群众生产生活条件且促进区域经济发展

淤地坝工程拦减了入黄泥沙，保护了下游安全，并且泥沙就地截留淤成坝地，实现了水沙资源的合理高效利用。同时，淤成的坝地变为高产、稳产的农田，促进了粮食产量的大幅度提高。尤其是随着流域治理的规范化和科学化发展，水地、坝地、梯田等基本农田面积逐年增加，粮食产量大幅度提高，群众的温饱问题得到了解决。大量陡坡地得以退耕还林还草，为土地利用结构的调整和生态环境的改善创造了条件。由于黄土高原大规模建设淤地坝系，改善了农业生产条件，降低了人民群众的劳动强度，大量剩余劳动力从繁重的农业劳动中解放出来，进入第二、第三产业，促进了群众脱贫致富和区域经济发展。

4) 淤地坝抬高侵蚀基准面且降低重力侵蚀发生的风险

淤地坝拦淤泥沙后，侵蚀基准面抬高，阻止了沟底下切，使沟道比降变小，延缓了溯源侵蚀和沟岸扩张，提高了沟道的稳定性，降低了滑坡、崩塌、泻溜等重力侵蚀发生的风险。同时，淤地坝运用初期能够利用其库容拦蓄洪水泥沙，还可以削减洪峰，减少下游冲刷，减缓地表径流，增加地表落淤。淤地坝运用后期形成坝地，使流域产流、汇流条件发生变化，从而起到减少洪水泥沙的作用。

5) 淤地坝建设能以坝代路且便利交通

在黄土高原地区，长期严重的水土流失造成了千沟万壑的破碎地貌。沟壑纵横、交通不便是制约黄土高原地区脱贫致富、经济发展的重要因素。修建淤地坝后，可以实现坝路结合，坝顶成为连接两岸交通的桥梁，从而促进了坝系经济区交通网络的形成，大大改善了农业生产条件，方便了群众的生产生活，促进了物资、文化交流和商品经济的发展。

因此，淤地坝作为小流域综合治理体系中的一道防线，通过其"拦""蓄""淤"的功能，既能将洪水泥沙就地拦蓄，有效防治水土流失，又能形成坝地，充分利用水土资源，使荒沟变成了高产稳产的基本农田，改善了当地生态环境和群众生产生活条件，有效解决了黄土高原地区水土流失和干旱缺水两大问题，促进了区域经济发展，在黄土高原地区具有重要的战略地位和不可替代的作用。

20世纪50年代以来，黄土高原地区的淤地坝建设大致经历了四个发展阶段：50年代的试验示范阶段，60年代的全面推广阶段，70年代的高潮阶段和80~90年代的以治沟骨干工程为主体的坝系建设阶段。2003年以来，黄土高原地区水土保持淤地坝建设作为水利部启动的三大"亮点"工程(黄土高原淤地坝建设、牧区水利建设、小水电代燃料生态保护工程)之首，取得了大规模的进展。目前，在黄土高原丘陵沟壑区，沟道治理的淤地坝工程已得到广泛的推广。截至2019年11月统计，黄土高原地区共有淤地坝58776座，其中大型坝5905座、中型坝12169座、小型坝40702座，分别占淤地坝总数的10.05%、20.70%、69.25%(刘雅丽等，2020)。多沙区、多沙粗沙区和粗泥沙集中来源区是黄土高原地区水土流失的重点区域，其淤地坝数量分别为52241座、40876座和12072座，各占黄土高原地区淤地坝总数的88.88%、69.55%和20.54%(刘雅丽等，2020)，黄土高原地区水土流失重点区域淤地坝数量统计见表1.1。近年来，黄土高原的治理使得黄河水沙情势发生剧烈变化(刘晓燕，2020；冯家豪等，2020；胡春宏等，2020a，2020b，2018；穆兴民等，2019；姚文艺，2019)，其中潼关控制站年均输沙量由1919~1959年的16亿t减少至21世纪以来的2.45亿t/a(胡春宏等，2020b；刘晓燕，2020)。有研究表明，在当前的侵蚀环境下，很多坝控流域实际侵蚀模数小于设计值，淤地坝大量空置(刘立峰等，2015)，坝内多有积水而无法利用，造成经济资源和水土资源的双重浪费。因此，应根据小流域侵蚀产沙现状适当缩减淤地坝建设规模，以免造成水土资源浪费，影响下游的用水安全(梁越等，2019)；重点从"守底线、补短板、强监管"等方面着手，具体而言就是从加固除险、销号、转型、慎建四个方面开展工作(惠波等，2020；刘雅丽等，2020；曲婵等，2016)；需要对黄土高原淤地坝建设战略定位进行重新思考(陈祖煜等，2020)，以推进黄河流域生态保护和高质量发展。

表 1.1　黄土高原地区水土流失重点区域淤地坝数量统计

分区	不同类型淤地坝数量/座				占比/%
	大型坝	中型坝	小型坝	合计	
粗泥沙集中来源区	1104	3680	7288	12072	20.54
多沙粗沙区	3174	9652	28050	40876	69.55
多沙区	4930	11269	36042	52241	88.88
黄土高原地区	5905	12169	40702	58776	100.00

注：数据截至 2019 年 11 月。

1.2.2　淤地坝减水、减沙、减蚀研究

1. 淤地坝减水、减沙、减蚀效益定量分析

李靖等(1995)研究表明，淤地坝的减沙量占水土保持措施总减沙量的 60%～70%。王宏等(1997)研究表明，20 世纪 50～60 年代、70 年代、80 年代黄河河龙区间南片淤地坝年均减水效益分别为 80.8%、67.6%、54.2%，年均减沙效益分别为 83.5%、58.5%、66.4%。方学敏等(1998)研究表明，淤地坝不仅可以拦蓄径流泥沙，还可以降低沟道比降，抬高局部侵蚀基准面，降低重力侵蚀发生风险，控制沟道冲刷侵蚀。田永宏等(1999)研究表明，韭园沟流域淤地坝在 1953～1997 年年均减沙效益为 78.6%，流域输沙模数减少了 80.9%，基本实现了水沙不出沟，就地拦蓄消化。焦菊英等(2001)分析了皇甫川、窟野河、佳芦河、秃尾河和大理河 5 条黄河支流上的淤地坝和坝系减水减沙效益。冉大川等(2004)认为，河龙区间 1970～1996 年淤地坝减水减沙量分别占该流域水土保持措施减水减沙总量的 59.3%和 64.7%。付凌(2007)利用分布式水文模型对淤地坝的减蚀作用进行了定量分析，提高了坝地减蚀作用定量分析的精度。杨启红(2009)研究表明，枯水年淤地坝减水效益较高，在小流域建设梯田、淤地坝和植树种草等水土保持措施中，淤地坝减沙效益最大。魏霞等(2009)研究表明，随着淤地坝坝地淤积厚度的增加，坡沟系统稳定性逐渐增大，发生重力侵蚀的风险或滑塌概率显著降低。许炯心(2010)的研究也表明，与水土保持坡面林草耕作措施相比，沟道淤地坝措施对减小流域泥沙输移比的贡献较大。綦俊谕等(2010)研究得到，岔巴沟流域淤地坝工程的减沙效益为 65%，汛期减水效益大于 25%。邹兵华等(2013a，2013b)研究得到，随淤地坝坝地淤积厚度的增加，坡沟系统的稳定性增加，滑塌量和滑塌概率减少。李景宗等(2018)研究得到，黄河潼关以上淤地坝 2000～2012 年年均拦沙减蚀量为 4.50 亿 t，其中年均拦沙量为 3.75 亿 t，年均减蚀量为 0.75 亿 t，淤地坝拦沙减蚀作用对减少黄河泥沙的贡献率为 34%。韩向楠等(2018)研究表明，无定河流域 2011～2017 年淤地坝年均拦沙量为 4134.23 万 t。梁越等(2019)研究表明，退

耕后河龙区间北部、中部和南部淤地坝平均拦沙模数分别为 7138.5t/(km² · a)、2596.5t/(km² · a)和 4230.9t/(km² · a),比退耕前分别减少了 49.5%、84.1%和 52.1%。杨吉山等(2020)研究表明,清水河流域淤地坝减沙量在 2000 年以前小于 70 万 t,2000 年以后大于 100 万 t。

2. 淤地坝减水减沙效益与布坝密度、淤地坝配置比例等的关系

袁建平等(2000)研究表明,在同一坡面治理度下,减水减沙效益随布坝密度的增加更加显著,当布坝密度小于 1/70 时,黄土丘陵沟壑区第二副区小流域属于初步治理阶段;当布坝密度为 1/60～1/50 时,属于中等治理阶段;当布坝密度大于 1/30 时,流域已形成完善坝系,可实现坝系防洪、拦泥、淤地等综合治理。焦菊英等(2003)研究认为,黄土丘陵沟壑区淤地坝的减沙效益与其规格及流域侵蚀产沙特征密切相关。当淤地坝平均淤积库容为 0.90 万～2.4 万 m³,平均淤地面积为 0.14～0.45hm² 时,减沙效益与坝高、坝控面积、产沙模数和泥沙粒径正相关。姚文艺等(2004)研究表明,当流域淤地坝配置比例小于 2%时,减沙效益很低;当坝控面积小于流域面积的 10%时,即使其他水土保持措施的治理度为 45%左右,对于面平均降雨量大于 35mm、最大日降雨量大于 50mm 的暴雨洪水,流域水土保持措施的减水减沙效益仍不明显。陈江南等(2005)认为,流域水土保持措施控制洪水必须满足一定的条件,由于水土保持措施蓄水拦沙作用随时间而衰减,受人类活动增强等因素的影响,水土保持措施对较大暴雨侵蚀产沙的控制作用较小。冉大川等(2006)研究表明,河龙区间及四大典型支流的淤地坝具有明显的"拦粗排细"功能,当淤地坝配置比例在 2%左右时,其减沙效益可达 45%以上,当淤地坝配置比例为 2.5%时,其减沙效益可达 60%以上。冉大川等(2010)研究表明,大理河流域达到最大减沙效益的坝地、梯田、林地、草地最优配置比例为 3.6：181.6：73.2：4.6,为保持流域较高的水土保持措施减沙效益,流域坝地配置比例应在 4%左右。同时,冉大川等(2013)给出了未来大理河流域实现持续减沙作用的大、中、小型淤地坝优化配置比例为 1.0：3.0：7.0。高云飞等(2014)研究表明,流域骨干坝、中小型坝拦沙能力失效的判断标准是平均淤积比分别为 0.77 和 0.88。

3. 减水减沙效益的变化趋势

许炯心等(2006)分析表明,无定河流域坝地面积增加率在 20 世纪 70 年代达到峰值,80 年代显著衰减,90 年代进一步衰减,原因主要是后续淤地坝建设未能及时跟上,原有的淤地坝随着时间的推移逐渐淤满失效,淤地坝减沙效益衰减。魏霞等(2007a)分析了大理河流域 1960～1999 年年输沙量的时间变化趋势,发现在 1972 年以来大理河流域产沙量减少的总体背景下,还出现了 1986～1999 年产沙量增加的近期趋势,但同期降雨量并未增加。这一增加趋势与 80 年代以后淤地

坝修建量大为减少，70 年代修建的淤地坝已大部失效有密切关系，淤地坝拦沙作用的衰减，是 90 年代泥沙量增加的主要影响因素。闫云霞等(2007)研究指出，高含沙水流发生频率在 60 年代末到 80 年代初减小，主要是因为 60、70 年代大量修建的淤地坝在 70 年代发挥了显著的拦减泥沙作用，但 80 年代以后原有淤地坝已大部分淤满失效，新建淤地坝减少，80 年代初期以后高含沙水流发生频率又随时间推移呈现增加趋势。王随继等(2008)研究发现，无定河流域的产沙量自 90 年代出现增大现象，主要归因于 1990 年以来该流域淤地坝的有效减沙面积显著减小。刘晓燕等(2018)研究表明，黄土高原淤地坝减沙作用具有显著的时效性，拦沙库容淤满即基本失去拦沙能力。失去拦沙能力的淤地坝仍可依靠拦沙形成的坝地发挥减沙作用，其减沙作用大小取决于流域的林草、梯田覆盖状况，随着流域林草、梯田覆盖率的增大，单位面积坝地的实际减沙量逐渐降低。

1.2.3 淤地坝水毁与坝系相对稳定

随着气候的变化、极端暴雨事件的发生和已建淤地坝库容的淤满，淤地坝水毁事件时有发生。事实上，黄土高原的淤地坝建设之所以走走停停，并屡遭非难，是因为水毁事件的发生。从近十余年的国家资助力度来看，淤地坝建设步入了一个低潮期(陈祖煜等，2020)。黄河中游黄土高原主要几次大暴雨导致的淤地坝典型性水毁情况具体如下(魏霞等，2007b)。

1. 20 世纪 70 年代黄河中游地区淤地坝水毁情况

20 世纪 70 年代，由于黄河中游地区连降几次大暴雨，该地区的淤地坝均遭到不同程度的水毁，学术界对淤地坝建设出现了一些不同的看法，甚至是偏见(李靖等，2003；方学敏等，1998)。黄河中游地区暴雨垮坝情况统计表见表 1.2。

表 1.2 黄河中游地区暴雨垮坝情况统计表

暴雨日期	地点	降雨量/mm	淤地坝			淤地面积		
			总数/座	冲毁数/座	垮坝率/%	总面积/hm²	冲毁面积/hm²	冲毁率/%
1973.8.25	陕西省延川县	112	7570	3300	44	1466	220	15
1975.8.5	陕西省延长县	108	6000	1830	31	2493	232	9
1977.7~1977.8*	陕西省绥德县韭园沟	287	333	243	73	181	49	27
1977.8.5	陕西省子洲县驼耳巷沟	198	274	199	73	169	43	25

注：*包括"7·5"和"8·5"两场暴雨，水毁淤地坝及坝地面积为两场暴雨之后的统计值。以上数据来自方学敏等(1998)。

1973年8月25日,陕西省延川县突降暴雨,降雨量为112.5mm,暴雨频率为200年一遇,延川县的7570座淤地坝中遭受不同程度损毁的有3300座,占44%,损毁坝地面积占这些坝库坝地面积的13.3%,占全县坝地总面积的5.8%。1975年8月,陕西省延长县先后发生降雨量分别为50.7mm和108.5mm的两次强降雨,暴雨频率为100年一遇。在这两场暴雨中,6000座淤地坝中有1830座不同程度损毁,占31%,损毁的坝地面积占这些坝库坝地面积的26.1%,占全县坝地面积的9.3%。1977年7月4~5日,黄河中游地区普降暴雨(简称"77.7"暴雨),暴雨中心在甘肃省庆阳市和陕西省志丹县、安塞县、子长县一带,降雨量在50mm以上的面积为9万km²,最大暴雨中心位于安塞县招安乡,48h降雨量为225mm,24h最大降雨量为215mm,暴雨频率为300年一遇。1977年8月4日和5日,山西省平遥县和石楼县与陕西省北部清涧县之间发生了强降雨(简称"77.8"暴雨),降雨量分别为356mm和294mm,暴雨频率为500年一遇。在这两次暴雨中,甘肃庆阳、陕西榆林和延安地区及山西西部28县,有3.27万座淤地坝遭不同程度损毁,坝地损毁面积约占坝地总面积的1/4~1/3。暴雨洪水后,虽然有些沟道的部分坝库遭到冲毁而损失一些坝地,但同时另一部分坝拦泥淤沙,反而增加了坝地面积。山西省柳林县1977年洪水损失坝地133hm²,却新增坝地80hm²。陕西省子长县的11条小流域面积共416km²,1977年洪水损毁淤地坝121座,占总数的30%,冲毁坝地89hm²,占总面积的26%,但同时新淤坝地148hm²,毁增相抵,净增坝地59hm²。1978年7月27日,陕西省子长、清涧和子洲等县普降暴雨,降雨量在50mm以上的面积为626km²,暴雨中心在3县交界处的子洲县佛堂塌村,降雨量为610mm,清涧河上游的宁寨河、胜天沟、王家砭一带降雨量为400~600mm,暴雨频率为1000年一遇。该次暴雨洪水中,清涧县有254座淤地坝发生不同程度损毁。

2. 20世纪90年代黄河中游地区淤地坝水毁情况

1994年,黄河流域汛期雨量变化异常,晋、陕、蒙、甘、宁等省(自治区)先后出现了4~7次区域性大暴雨,使7542座大、小淤地坝遭到了不同程度的损坏,给当地人民的生产生活带来了一定影响,同时也增加了入黄泥沙量。黄河中游五省(自治区)1994年汛期淤地坝水毁情况统计表见表1.3。由表1.3可知,此次暴雨洪水水毁情况以陕西省最为严重,累计毁坝7347座。据陕西省水保局陕北淤地坝调查组(1995)公布的结果,1994年7~8月,陕北榆林、延安许多县遭受暴雨、洪水、冰雹、龙卷风等灾害,特别是定边县、靖边县、吴起县、志丹县、子洲县、绥德县等县连续遭受3~5次特大暴雨洪水袭击,不少地方山洪暴发,房倒窑塌,田冲地毁,城镇被淹。一大批淤地坝和水库受到损害,濒临或已发生垮坝溃决。

从各地水毁情况来看，陕北淤地坝这次受害面积之大，数量之多，损坏程度之严重，是 1949 年以来前所未有的。据调查，陕北地区 7～8 月冲垮和部分冲毁的淤地坝共 7347 座，占淤地坝总数的 23%。其中，坝体被冲毁(坝体被洪水拉到沟底)的有 1590 座，局部毁坏的(一般冲毁 10%坝体土方、5%～10%坝地面积)有 4851 座，放(泄)水建筑物受损的有 906 座。大型淤地坝 320 座，占 4.36%；中型淤地坝 1771 座，占 24.11%；小型淤地坝 5256 座，占 71.54%；骨干坝基本上没有明显损坏。榆林受损淤地坝 6187 座，其中坝体全毁 1475 座，占 23.84%；坝体部分损坏 4035 座，占 65.22%；泄水建筑物损坏 677 座，占 10.94%。延安受损淤地坝 1160 座，其中坝体全毁 115 座，占 9.91%；部分损坏 816 座，占 70.34%；泄水建筑物损坏 229 座，占 19.74%。

表 1.3 黄河中游五省(自治区)1994 年汛期淤地坝水毁情况统计表

省(自治区)	市(盟)/个	县(旗)/个	毁坝数/座	坝控面积/km²	恢复工程概况					
					库容/万 m³	可淤地面积/hm²	工程量/万 m³	用工/万工日	总投资/万元	国补/万元
甘肃	5	20	101	605.12	2326.1	316.7	217.91	115.81	1324.4	946.54
宁夏	2	6	24	163.60	1367.7	102.5	63.09	24.52	281.4	201.10
山西	4	21	55	738.28	4267.0	399.7	102.07	43.00	520.8	372.00
内蒙古	2	3	15	82.00	1712.0	208.2	39.49	7.43	294.0	210.21
陕西	2	25	7347	5212.90	367350.0	14694.0	22187.94	1173.60	35000.0	25000.00
合计	15	75	7542	6801.90	377022.8	15721.1	22610.50	1364.36	37420.6	26729.85

注：以上数据来自王允升等(1995)。

3. 陕北延河流域淤地坝水毁情况

2013 年 7 月，延河流域连续出现 5 次范围广、历时长、量级大的强降雨，以延安市宝塔区为暴雨中心，降雨量高达 792.9mm。调查显示，暴雨条件下发生滑塌的淤地坝 7815 处，受损淤地坝 516 座，累计经济损失 7.35 亿元(魏艳红等，2015)。由于强降雨达到 100 年一遇的标准，远超中小型淤地坝 30～50 年一遇的防洪标准，部分淤地坝被冲毁。对延河流域 3 个县(区)15 个小流域的 45 座淤地坝进行实地考察，其中 35 座经受住了暴雨洪水的袭击，遭毁坏的 10 座淤地坝中，9 座是已淤满变为耕地的"闷葫芦"坝，1 座为新建坝。表 1.4 为 2013 年 7 月连续暴雨下延河流域淤地坝水毁情况统计表。

表 1.4 2013 年 7 月连续暴雨下延河流域淤地坝水毁情况统计表

县(区)	小流域	淤地坝总数/座	毁坝数/座	毁坏部位	毁坏原因
安塞县	毛堡则	2	2	坝体冲垮	滑坡
	尚合年	2	2	坝体冲垮	滑坡数处
	高家沟	8	0	—	滑坡、崩塌和削山造田
	石子沟	3	0	—	削山造田
	陈家圪	4	0	—	滑坡、削山造田
	徐家沟	2	1	坝体冲垮	削山造田
	张家沟	1	0	—	滑坡、工程活动
	贺庄	3	1	坝体冲垮	削山造田
	李家沟	3	0	—	滑坡
	马家沟	3	0	—	滑坡
	沿岔	2	0	—	滑坡
	谢屯	3	0	—	滑坡
宝塔区	碾庄	5	1	坝体冲垮	滑坡
	丰富川	1	1	坝体冲垮	滑坡、削山造田
延长县	五羊川	3	2	坝体冲垮	滑坡、崩塌
合计		45	10	—	—

注：以上数据来自魏艳红等(2015)。

此外，2017 年 7 月 25～26 日，位于大理河下游、无定河中游的陕西省榆林市绥德县和子洲县部分地区，发生持续性的局地强降雨事件，尤其是无定河"7·26"暴雨洪水集中发生在黄土高原腹地的多沙粗沙区核心地段，降雨量达到200mm，降雨强度达到 50mm/h，造成绥德县和子洲县两县 80 亿元的巨大经济损失(党维勤等，2019；高海东等，2018)。

综上可知，淤地坝水毁给当地百姓带来了严重的灾难。因此，2018 年 8 月 9日，水利部首次就淤地坝安全度汛督查发现的问题约谈了晋、陕、青、宁的水利厅分管负责人，同时不少学者在淤地坝的水毁原因方面开展了研究。例如，李莉等(2014)研究认为，超标准的暴雨洪水是淤地坝水毁的主要因素，同时坝坡无防护措施、施工质量差、管护不到位、淤地坝被淤满等也是淤地坝水毁的重要因素。党维勤等(2019)研究表明，黄土高原淤地坝超期运行，防洪能力下降；淤地坝变为病险坝的主要原因为重建设、轻管理，甚至不管理。惠波等(2020)研究认为，20 世纪 90 年代及以前修建的淤地坝，大多数超期运行，部分已淤满，未设置排水设施的淤满淤地坝，遇超标准洪水存在严重安全隐患。

受天然聚漱对洪水泥沙全拦全蓄、不满不溢现象的启发，坝系相对稳定的概念被提出。当淤地坝达到一定高度、坝地面积与坝控流域面积达到一定比例后，淤地坝将长期控制洪水泥沙，实现水沙就地消化、不出沟，从根本上实现了"利用有限库容对付无限泥沙"。范瑞瑜(2005)定义了坝系相对稳定系数，认为坝系要达到相对稳定有三个最基本的条件：①相对稳定系数必须大于或等于一定的允许值；②有足够的防洪能力；③坝系工程安全无病险。同时，也应满足 20 年一遇的暴雨洪水标准下坝地保收，且当淤地面积达到设计的可淤面积时，坝地平均淤积厚度小于 20cm。徐向舟(2005)通过单坝和坝系的人工降雨模拟试验和放水冲刷模拟试验，证实了坝系相对稳定现象的存在，并且认为坝地面积增加和沟道的自平衡是促使坝系实现水沙相对稳定的主要原因。曹文洪等(2007)研究指出，随流域洪峰流量模数和土壤侵蚀模数的增大，坝系相对稳定系数呈现增大趋势。徐向舟等(2009)指出，淤地坝按照先主沟后支沟、先下游后上游的顺序布设，沟道坝系拦沙量大、淤地效率高，更有利于实现坝系相对稳定。刘卉芳等(2011)采用混沌神经网络模型对流域坝系进行了稳定性分析。实践证实，相对稳定坝系的形成取决于流域地形地貌和暴雨产流产沙特性，合理布设坡面水土保持措施与沟道淤地坝措施间的先后次序和位置关系，可缩短坝系相对稳定形成时间，提高坝系相对稳定程度。沟道淤地坝坝系建设与坡面水土保持措施密不可分。一般情况下，坡面治理程度提高，土壤侵蚀模数和次暴雨洪量模数相应减少，坝系达到允许淤积厚度和淹水深度所需的淤地面积随之减少，可缩减坝系相对稳定所需的坝库数量与单坝高度。同时，对于同样的淤地面积，随着坡面径流量和土壤侵蚀量的减少，淤地坝坝地年淤积厚度和次暴雨淹水深度相应减少，可有效提高坝地保收率、利用率和坝系相对稳定程度，确保坝系的持续安全。

此外，对小流域淤地坝坝系进行安全评价与科学合理的规划，也是防止淤地坝水毁、缩短坝系相对稳定形成时间、提高坝系相对稳定程度的有效手段。科学规划和合理布局对淤地坝坝系的安全运行、延长使用寿命、发挥效益具有极其重要的作用，这些都是淤地坝坝系工程建设的重要前提。左仲国等(2001)建立了坝系水资源系统分析的线性规划数学模型，并指出可将其作为坝系水资源系统分析的一种方法，为黄土高原地区坝系的合理规划和建设提供了指导。付明胜等(2005)提出了坝系防洪标准低板论，为坝系调整及建设提供理论依据。冉大川等(2005)从黄土高原地区粮食需求、总来沙量和建设能力等方面，论证了黄土高原地区淤地坝的建设规模。刘世海等(2005)从侵蚀控制和拦泥减沙需要这两方面，分析确定了延安黄土高原淤地坝建设规模。何兴照等(2007)基于效益最大化的概念，给出了流域最佳建坝时间顺序。朱连奇等(2009)分析认为，人类活动的剧烈程度与淤地坝布坝密度之间存在直接关系。蒋耿民等(2010)和蒋耿民(2010)利用多层次模糊综合评价法，对淤地坝坝系布局进行了多目标、动态综合评价。张晓明(2014)通过对坝址优选、建坝时序、分期加高进行系统性研究，对黄土高原小流域淤地坝坝系的规划、建设和管理具有积极的推动作用。杨瑞等(2018)建立了黄土高原王茂沟流域淤地坝坝系安全评价指标体系，并基于该指标体系评价了该流域淤地坝坝系安全。

1.2.4　淤地坝坝地淤积物粒径和水肥特征

时明立等(2008)研究表明，黄土高原淤地坝泥沙垂直淤积剖面上淤积物粗细相间分布，层理明显；在水平方向上，随着与淤地坝距离的减小，淤积物中的粗泥沙逐渐减少，坝前淤积物中粗泥沙明显减少，上、下游淤地坝表现为上游拦粗、下游淤细。汪亚峰等(2009)研究表明，淤地坝淤积剖面泥沙以粉砂为主，占淤积物总质量的 60%以上，粒径>0.05mm 的粗泥沙约占 23.09%，随淤积深度增加，各粒径范围泥沙含量的变异程度增加。颜艳等(2014)研究表明，淤地坝内洪水淤积物以粗粉砂为主，中砂含量极少，无粗砂。王朋晓等(2016)指出，黄土洼沟道淤积物以粗粉砂含量最多，占淤积物总质量的 55.50%，其次是极细砂，占 21.53%，而细砂和中粗砂含量极少；胶粒、黏粒、细粉砂在垂直深度上的分布趋势基本相似，与极细砂和细砂变化趋势相反。王永吉等(2017)研究表明，沉积旋回中黏层厚度普遍小于沙层厚度，坝地淤积泥沙主要为细砂粒，其次为粉砂粒和黏粒，粗砂粒含量较少，从坝前至坝尾各淤积剖面泥沙颗粒粗化度逐渐增大，且沉积旋回中沙层的变异程度变化大于黏层。王文娣(2019)研究表明，泥沙在坡—沟—坝地搬运淤积的过程中发生了分选作用，泥沙粒径分选作用及其影响因素较为复杂，不同泥沙粒径的分选作用在不同流域也不相同。因为粉粒在土壤侵蚀过程中比较容易被分散，所以粉粒含量较高的土壤比黏粒含量高的土壤更容易被侵蚀，在侵蚀土壤中占比也相对较高。许文龙(2019)研究表明，皇甫川流域典型淤地坝淤积泥沙颗粒主要由砂粒和粉粒组成。流域地表不同覆被物质影响着坝地泥沙颗粒组成和流域侵蚀产沙强度，地表主要是裸露砒砂岩的流域，坝地泥沙颗粒较粗且侵蚀产沙强度较大；地表主要是沙黄土和黄土的流域，坝地泥沙颗粒较细且侵蚀产沙强度相对较小。

王治国等(1999)研究表明，黄土残塬区河沟流域坝地土壤容重、田间持水量等明显高于塬面、塬坡土壤，但水分稳定入渗率却低于塬面、塬坡土壤；坝地土壤含水量明显高于塬面和坡面的土壤含水量，且含水量从坝尾至坝前逐渐降低。张红娟等(2007)研究表明，韭园沟三角坪坝和团圆沟 1#坝存水量分别占 1954～1997 年该流域年均径流量的 6.12%和 1.87%，且已淤平的坝地蕴含着大量水资源。徐学选等(2007)研究表明，燕沟流域各类土地利用类型的土壤含水量从高到低依次为坝地、梯田、灌木林地；各类土地利用类型下持水量从大到小依次为坝地、梯田、荒地、农坡地、灌木林地。徐小玲等(2008)研究指出，淤地坝坝地土壤含水量支沟坝低于主沟坝，在一定的深度基本上会存在较明显的湿土层或干土层；土壤含水量在坝地中部变化比较平缓，在 6m 以内随着土层深度的增加，土壤含水量基本上呈现增长趋势，在坝地中尾部某一深度会达到稳定状态。何瑾等(2008)研究表明，坝前土层土壤含水量较坝中和坝尾高。宋献方等(2009)研究表明，淤地坝在拦蓄降雨径流和增大流域基流量等方面有重要作用，淤地坝可促进地表水向地下水转化。王祖正等(2010)研究表明，坝地土壤含水量由地表向地下不断增加，深度 2m 以下土壤含水量开始减少，深度 2.4m 以下土壤含水量趋于稳定。赵培培(2010)研究了黄土高原小流域典型坝地土壤水分的空间分布特征。黄金柏等(2011)基于淤地坝系统水利计算模型，对黄土高原北部六道沟流域的一座淤地坝进行数值模拟，认为淤地坝系统对水资源再分布的影响主要体现在减少地表径流、增加蒸发和入渗。

王治国等(1999)研究表明，坝地淤积土壤养分含量从坝前至坝尾逐渐减小。李勇等(2003)研究认为，黄土高原地区淤地坝的坝地淤积物是陆地生态系统的重要碳汇之一。连纲等(2008)对黄土高原小流域不同土地利用类型的土壤养分进行了研究，结果显示坝地有机质和全氮含量最高，灌木地最低。包耀贤等(2008)研究指出，0~60cm 土层深度的坝地土壤有机质、全氮、碱解氮、铵态氮和起始矿质氮含量均高于梯田，坝地和梯田土壤有机质、全氮、碱解氮含量和硝铵比均随着淤积年限的增加呈先增后减的趋势，坝地氮素的现实供应优于梯田，且供应潜力更具持久性和稳定性。何瑾等(2008)研究表明，坝地土壤养分分布不平衡，坝地淤积泥沙更易富集速效养分，坝地中与作物生长关系密切的速效养分供给更具持久性。牛越先(2010)运用模糊综合评价法对山西省坝地的土壤肥力进行了评价。Lu 等(2012)指出，黄土高原淤地坝总库容是影响坝地碳储量的最大影响因素，淤积年限、淤地坝数量、土地利用和地形地貌也是影响淤地坝坝地碳储量的重要因素。赵中娜(2019)通过分析黄土高原北部不同侵蚀类型和研究尺度条件下淤地坝土壤颗粒组成，以及有机碳和全氮的总体分布、水平和剖面分布特征，确立了淤地坝土壤碳氮元素随颗粒的再分布特征。

1.2.5 淤地坝坝地淤积物在土壤侵蚀研究中的应用

王晓燕等(2005)研究发现，在侵蚀过程中泥沙颗粒发生了分选，而在泥沙输移过程中颗粒分选不明显，坝地淤积泥沙中 ^{137}Cs 含量、淤积厚度与次降雨侵蚀强度、侵蚀类型等密切相关。魏霞(2005)按照"大雨对大沙"的原则，将陕北黄土高原两座典型淤地坝各淤积层与侵蚀性降雨相对应，并建立了坝地分层泥沙淤积量与侵蚀性降雨 4 个指标之间的函数关系，反演了淤地坝的淤积过程。魏霞等(2007b，2007c)研究表明，坝地泥沙淤积量与侵蚀性降雨的降雨侵蚀力关系最密切，降雨量对淤积量的影响次之，最大 30min 降雨强度和平均降雨强度对淤积量的影响较小。张信宝等(2007)通过研究云台山沟坝库淤积泥沙 ^{137}Cs 含量的变化、次洪水产沙量和对比分析降雨资料，确定了洪水淤积泥沙层的对应暴雨，并计算出流域的产沙模数。侯建才(2007)利用淤地坝坝地淤积泥沙的 ^{137}Cs 和 ^{210}Pb$_{ex}$ 含量，分析了坝控流域不同地貌部位和土地利用方式下的侵蚀状况及坝地泥沙淤积过程，揭示了流域侵蚀产沙强度的演变规律和侵蚀产沙时空分异特征。管新建等(2007)研究了侵蚀性降雨条件下淤地坝的泥沙淤积量，认为运用反向传播(back propagation，BP)神经网络在研究坝地泥沙淤积过程中具有较高的预测精度。李勉等(2008)利用 ^{137}Cs 示踪技术研究了王茂沟流域的关地沟 4 号坝各旋回层泥沙，得出该流域产沙强度由强变弱，沟间地和沟谷地泥沙量对淤地坝内淤积泥沙来源的贡献率分别为 70%和 30%。龙翼等(2008)以我国最早的淤地坝——子洲县黄土洼"古聚湫"为研究对象，根据泥沙粒径和孢粉浓度的变化，计算了每场暴雨洪水的产沙模数。薛凯等(2011)建立了淤地坝运行期沉积旋回序列的时间坐标，结合淤地坝的淤积泥沙累积曲线，划分了坝控流域的侵蚀阶段，并指出人类活动是土壤侵蚀强度阶段变化的主要影响因素。张风宝等(2012)研究表明，淤地坝坝地泥沙沉积旋回和可靠的断代技术是利用淤地坝淤积泥沙研究小流域土壤侵蚀的基础，利用坝地淤积泥沙可分析小流域土壤侵蚀强度的变化，识别小流域侵蚀泥沙来源，反演小流域环境演变过程。范利杰(2013)利用复合指纹识别技术，以及淤地坝具有记录小流域侵蚀产沙历史过程信息的这一特征，研究了皇甫川坝控小流域侵蚀产沙强度与泥沙来源。刘鹏等(2014)研究了陕北子洲县黄土洼天然聚湫淤积物粒径与降雨的关系，建立了粗颗粒泥沙淤积层指示日降雨量 ≥60mm 暴雨事件的方法。颜艳等(2014)利用 ^{137}Cs 断代技术分析了黄土洼天然聚湫的淤积物粒径旋回特征，结果表明，淤积物剖面具有良好的淤积层理，剖面粒径旋回可以很好地记录流域较大的洪水事件，不同场次洪水淤积泥沙粒径差异反映了该区降雨侵蚀产沙量的年际变化。弥智娟(2014)以皇甫川流域典型淤地坝为例，采用分形理论和主成分分析、因子分析方法研究了淤地坝淤积信息特征与潜在泥沙源地的关系，根据淤地坝淤积信息的淤积特征，利用 ^{137}Cs 断代技术和复合指纹识别技术，建立淤地坝侵蚀产沙的时间坐标，并将淤地坝淤积层与侵蚀性降雨相对应，分析了淤地坝坝控小流域侵蚀产沙强度与坝地泥沙的主要来源。张玮(2015)建立了淤地坝沉积旋回的时间序列，定量研究小流域侵蚀产沙的历史变化规律。唐强(2016)通过黄土丘陵区淤地坝坝地淤积序列重构及复合指纹示踪泥沙来源，揭示淤地坝泥沙淤积过程。李勉等(2017)认为黄土高原淤地坝赋存了大量环境变化信息，并归纳和总结了小流域侵蚀产沙强度、泥沙来源和泥沙输移比等方面的研究，分析了目前研究中存在的问题并提出了今后研究的发展方向。白璐璐(2019)基于实测淤积层厚度、^{137}Cs 含量、淤积物粒径指标和同期降雨资料，建立了坝地沉积旋回层时间序列,基于泥沙来源混合模型,研究了黄土高原小流域侵蚀环境的演变特征,揭示了小流域侵蚀泥沙过程及其来源的变化规律。王文娣(2019)利用复合指纹示踪技术计算每个沉积旋回对应的坡沟产沙贡献比,探讨退耕还林还草背景下小流域侵蚀泥沙的主要来源及其变化规律,以及粒径分布与泥沙来源之间的响应关系;研究表明,地球化学元素可以有效辨别地质差异明显的小流域泥沙来源,说明在退耕还林还草背景下,植被覆盖及其时空变化显著影响研究区水文过程和土壤侵蚀过程,从而使坡面产沙减少,而沟道侵蚀比例增加,小流域坡沟产沙贡献比发生了改变。

综合以上分析可知,目前有关淤地坝的研究在其建设发展历程、减水减沙减蚀效益、水毁与坝系相对稳定、坝地淤积物粒径和水肥特征、坝地淤积物在土壤侵蚀研究中的应用等方面都取得了一定的进展,但是有关坝控流域水土保持措施合理性评价的研究并不多见。坝控流域水土保持措施布设是否合理,直接影响淤地坝的使用寿命,进而影响其效益的发挥。鉴于此,本书基于淤地坝坝地淤积物所记载的小流域土壤侵蚀和环境演变的信息,结合分形理论,对陕北黄土高原典型淤地坝坝控流域淤积年限内已有水土保持措施的合理性给予科学评价,为坝控流域水土保持措施的合理配置提供科学指导,对推动黄河流域高质量发展具有重要意义。

1.3 本书主要内容

本书的主要内容可分为三个方面:

1) 典型淤地坝坝地分层淤积信息提取

第 3 章通过对黄土高原淤地坝的野外调研和定位勘测,选取典型淤地坝,挖取坝地淤积物剖面,采集坝地分层淤积泥沙样品,通过测定和分析室内泥沙样品,提取坝地分层淤积物所蕴含的淤积信息。

2) 典型淤地坝淤积过程与侵蚀性降雨响应

第 4 章利用提取的有关坝地分层淤积信息,结合典型淤地坝所在流域的降雨、径流、泥沙等资料,反演淤地坝的淤积过程,分析淤地坝淤积过程与侵蚀性降雨的响应关系。

3) 典型淤地坝坝控流域淤积年限内水土保措施合理性评价

第 5 章依据提取的相关坝地分层淤积信息,结合分形理论,探讨典型淤地坝淤积年限内坝控流域是否存在沙化趋势,对典型淤地坝坝控流域已有水土保措施的合理性给予评价。

本章对当前淤地坝的研究现状予以归纳总结,目前淤地坝研究虽然在减水减沙效益、坝地泥沙淤积过程特征和坝系安全评价等方面取得了一定的研究成果，但是关于淤地坝坝控流域水土保持措施合理性评价的研究仍十分欠缺。本书利用淤地坝坝地淤积物赋存的小流域土壤侵蚀和环境演变信息，对坝控流域淤积年限内的水土保持措施合理性给予科学评价，可为坝控流域水土保持措施优化配置，乃至整个黄土高原水土保持措施合理配置提供科学参考。

参 考 文 献

白璐璐, 2019. 黄土高原典型坝控流域泥沙来源解析及其模型的综合评价[D]. 西安: 西安理工大学.

包耀贤, 吴发启, 贾玉奎, 2008. 黄土丘陵沟壑区坝地和梯田土壤氮素特征与演变[J]. 西北农林科技大学学报(自然科学版), 36(3): 97-104.

曹文洪, 胡海华, 吉祖稳, 2007. 黄土高原地区淤地坝坝系相对稳定研究[J]. 水利学报, 38(5): 606-610.

陈江南, 张胜利, 赵业安, 等, 2005. 清涧河流域水利水保措施控制洪水条件分析[J]. 泥沙研究, (1): 14-20.

陈祖煜, 李占斌, 王兆印, 2020. 对黄土高原淤地坝建设战略定位的几点思考[J]. 中国水土保持, 41(9):32-38.

党维勤, 郝鲁东, 高健健, 等, 2019. 基于“7·26”暴雨洪水灾害的淤地坝作用分析与思考[J]. 中国水利, (8): 52-55.

董仁才, 余丽军, 2008. 小流域综合治理效益评价的新思路[J]. 中国水土保持, (11): 22-24.

范利杰, 2013. 皇甫川坝控小流域侵蚀产沙强度与泥沙来源研究[D]. 杨陵: 西北农林科技大学.

范瑞瑜, 2005. 黄土高原坝系工程的相对稳定性[J]. 中国水土保持科学, 3(3): 103-109.

方萍, 吕成文, 朱艾莉, 2011. 分形方法在土壤特性空间变异研究中的应用[J]. 土壤, 43(5): 710-713.

方学敏, 万兆惠, 匡尚富, 1998. 黄河中游淤地坝拦沙机理及作用[J]. 水利学报, 29(10): 49-53.

冯家豪, 赵广举, 穆兴民, 等, 2020. 黄河中游泥沙输移特性及机理研究[J]. 泥沙研究, 45(5): 34-41.

付凌, 2007. 黄土高原典型流域淤地坝减沙减蚀作用研究[D]. 南京: 河海大学.

付明胜, 金孝华, 张霞, 等, 2005. 浅谈坝系防洪标准低板论及其应用和计算[J]. 中国水土保持科学, 3(1): 102-107.

高海东, 李占斌, 李鹏, 等, 2018. 黄土高原暴雨产沙路径及防控——基于无定河流域 2017-07-26 暴雨认识[J].中国水土保持科学, 16(4): 66-72.

高云飞, 郭玉涛, 刘晓燕, 等, 2014. 陕北黄河中游淤地坝拦沙功能失效的判断标准[J]. 地理学报, 69(1): 73-79.

管新建, 李占斌, 李勉, 等, 2007. 基于BP神经网络的淤地坝次降雨泥沙淤积预测[J]. 西北农林科技大学学报(自然科学版), 35(9): 221-225.

韩向楠, 谢世友, 高云飞, 2018. 近年无定河流域淤地坝拦沙作用研究[J]. 人民黄河, 40(11): 5-8, 37.

何瑾, 段义字, 2008. 退耕还林还草区坝地土壤理化性状分布特征分析[J]. 水土保持学报, 22(6): 104-107.

何兴照, 史丹, 陈刚, 等, 2007. 一种基于效益最大化分析的淤地坝建坝时序数学模型[J]. 水土保持通报, 27(6): 71-74.

侯建才, 2007. 黄土丘陵沟壑区小流域侵蚀产沙特征示踪研究[D]. 西安: 西安理工大学.

胡春宏, 张晓明, 2018. 论黄河水沙变化趋势预测研究的若干问题[J]. 水利学报, 49(9): 1028-1039.

胡春宏, 张晓明, 2020a. 黄土高原水土流失治理与黄河水沙变化[J]. 水利水电技术, 51(1): 1-11.

胡春宏, 张晓明, 赵阳, 2020b. 黄河泥沙百年演变特征与近期波动变化成因解析[J]. 水科学进展, 31(5): 725-733.

黄河水利委员会西峰水土保持科学试验站, 2005. 黄土高原水土流失及其综合治理研究: 西峰水保站试验研究成果及论文汇编(1989～2003)[M]. 郑州: 黄河水利出版社.

黄金柏, 付强, 桧谷治, 等, 2011. 黄土高原小流域淤地坝系统水收支过程的数值解析[J]. 农业工程学报, 27(7):

51-57.

惠波, 王答相, 张涛, 2020. 关于新时期黄土高原地区淤地坝建设管理的几点思考[J]. 中国水土保持, 41(2): 23-26.

蒋耿民, 2010. 淤地坝坝系工程总体布局综合评价指标体系及模型研究[D]. 杨凌: 西北农林科技大学.

蒋耿民, 李援农, 魏小抗, 等, 2010. 淤地坝坝系布设方案的模糊综合评判[J]. 干旱地区农业研究, 28(2): 150-154.

焦菊英, 王万忠, 李靖, 等, 2001. 黄土高原丘陵沟壑区淤地坝的减水减沙效益分析[J]. 干旱区资源与环境, 15(1): 78-83.

焦菊英, 王万忠, 李靖, 等, 2003. 黄土高原丘陵沟壑区淤地坝的淤地拦沙效益分析[J]. 农业工程学报, 19(6): 302-306.

康玲玲, 王霞, 2002. 小流域水土保持综合治理效益指标体系及其应用[J]. 生态环境学报, 11(3): 274-278.

李景宗, 刘立斌, 2018. 近期黄河潼关以上地区淤地坝拦沙量初步分析[J]. 人民黄河, 40(1): 1-6.

李靖, 张金柱, 王晓, 2003. 20 世纪 70 年代淤地坝水毁灾害原因分析[J]. 中国水利, (9): 55-57.

李靖, 郑新民, 1995. 淤地坝拦泥减蚀机理和减沙效益分析[J]. 水土保持通报, 15(2): 33-37.

李莉, 王峰, 孙维营, 等, 2014. 黄土高原淤地坝水毁问题分析[J]. 中国水土保持, 35(10): 20-22.

李勉, 杨二, 李平, 等, 2017. 淤地坝赋存信息在流域侵蚀产沙研究中的应用[J]. 水土保持研究, 24(3): 357-362.

李勉, 杨剑锋, 侯建才, 等, 2008. 黄土丘陵区小流域淤地坝记录的泥沙沉积过程研究[J]. 农业工程学报, 24(2): 64-69.

李勇, 白玲玉, 2003. 黄土高原淤地坝对陆地碳贮存的贡献[J]. 水土保持学报, 17(2): 1-4, 19.

李宗善, 杨磊, 王国梁, 等, 2019. 黄土高原水土流失治理现状、问题及对策[J]. 生态学报, 39(20): 7398-7409.

连纲, 郭旭东, 傅伯杰, 等, 2008. 黄土高原小流域土壤养分空间变异特征及预测[J]. 生态学报, 28(3): 946-954.

梁越, 焦菊英, 2019. 黄河河龙区间退耕还林前后淤地坝拦沙特征分析[J]. 生态学报, 39(12): 4579-4586.

刘国彬, 王兵, 卫伟, 等, 2016. 黄土高原水土流失综合治理技术及示范[J]. 生态学报, 36(22): 7074-7077.

刘卉芳, 曹文洪, 王向东, 等, 2011. 基于混沌神经网络的流域坝系稳定性分析[J]. 水土保持通报, 31(3): 131-135.

刘立峰, 杜芳艳, 马宁, 等, 2015. 基于黄土丘陵沟壑区第Ⅰ副区淤地坝淤积调查的土壤侵蚀模数计算[J]. 水土保持通报, 35(6): 124-129.

刘鹏, 岳大鹏, 李奎, 2014. 陕北黄土洼淤地坝粗颗粒沉积与暴雨关系探究[J]. 水土保持学报, 28(1): 79-83.

刘世海, 曹文洪, 吉祖稳, 等, 2005. 陕西延安黄土高原地区淤地坝建设规模研究[J]. 水土保持学报, 19(5): 127-130.

刘晓燕, 2020. 关于黄河水沙形势及对策的思考[J]. 人民黄河, 42(9): 34-40.

刘晓燕, 高云飞, 马三保, 等, 2018. 黄土高原淤地坝的减沙作用及其时效性[J]. 水利学报, 49(2): 145-155.

刘晓燕, 高云飞, 王富贵, 2017. 黄土高原仍有拦沙能力的淤地坝数量及分布[J]. 人民黄河, 39(4): 1-10.

刘雅丽, 王白春, 2020. 黄土高原地区淤地坝建设战略思考[J]. 中国水土保持, 41(9): 48-52.

刘震, 2006. 中国水土保持小流域综合治理的回顾与展望[C]//中国水土保持学会小流域综合治理专业委员会. 小流域综合治理与新农村建设论文集. 北京: 九州出版社.

龙翼, 张信宝, 李敏, 等, 2008. 陕北子洲黄土丘陵区古聚湫洪水沉积层的确定及其产沙模数的研究[J]. 科学通报, 53(24): 3908-3913.

弥智娟, 2014. 黄土高原坝控流域泥沙来源及产沙强度研究[D]. 杨凌: 西北农林科技大学.

穆兴民, 王万忠, 高鹏, 等, 2014. 黄河泥沙变化研究现状与问题[J]. 人民黄河, 36(12): 1-7.

穆兴民, 赵广举, 高鹏, 等, 2019. 黄土高原水沙变化新格局[M]. 北京: 科学出版社.

牛越先, 2010. 山西省坝地土壤肥力质量评价[J]. 水土保持学报, 24(5): 262-265, 271.

彭珂珊, 2013. 黄土高原地区水土流失特点和治理阶段及其思路研究[J]. 首都师范大学学报(自然科学版), 34(5): 82-90.

綦俊谕, 蔡强国, 方海燕, 等, 2010. 岔巴沟流域水土保持减水减沙作用[J]. 中国水土保持科学, 8(1): 28-33, 39.

曲婵, 刘万青, 刘春春, 2016. 黄土高原淤地坝研究进展[J]. 水土保持通报, 36(6): 339-342.

冉大川, 李占斌, 张志萍, 等, 2010. 大理河流域水土保持措施减沙效益与影响因素关系分析[J]. 中国水土保持科学, 8(4): 1-6.

冉大川, 罗全华, 刘斌, 等, 2004. 黄河中游地区淤地坝减洪减沙及减蚀作用研究[J]. 水利学报, 35(5): 7-13.

冉大川, 王正昊, 胡建军, 等, 2005. 基于粮食需求的黄土高原地区淤地坝建设规模与论证[J]. 干旱地区农业研究, 23(2): 130-136.

冉大川, 姚文艺, 李占斌, 等, 2013. 不同库容配置比例淤地坝的减沙效应[J]. 农业工程学报, 29(12): 162-170.

冉大川, 左仲国, 上官周平, 2006. 黄河中游多沙粗沙区淤地坝拦减粗泥沙分析[J]. 水利学报, 37(4): 443-450.

陕西省水保局陕北淤地坝调查组, 1995. 1994年陕北地区淤地坝水毁情况调查[J]. 人民黄河, 17(1): 15-18.

时明立, 史学建, 付凌, 等, 2008. 黄土高原淤地坝泥沙沉积的空间差异研究[J]. 人民黄河, 30(3): 64-65, 85.

水利部, 中国科学院, 中国工程院, 2010. 中国水土流失防治与生态安全: 西北黄土高原区卷[M]. 北京: 科学出版社.

宋献方, 刘鑫, 夏军, 等, 2009. 基于氢氧同位素的岔巴沟流域地表水—地下水转化关系研究[J]. 应用基础与工程科学学报, 17(1): 8-20.

苏永中, 赵哈林, 2004. 科尔沁沙地农田沙漠化演变中土壤颗粒分形特征[J]. 生态学报, 21(1): 71-74.

唐克丽, 2004. 中国水土保持[M]. 北京: 科学出版社.

唐强, 2016. 黄土丘陵区坝地沉积序列重构及来源定量示踪[D]. 北京: 中国科学院大学.

田永宏, 郑宝明, 王熠, 等, 1999. 黄河中游韭园沟流域坝系发展过程及拦沙作用分析[J]. 土壤侵蚀与水土保持学报, 5(6): 24-28.

汪亚峰, 傅伯杰, 陈利顶, 等, 2009. 黄土高原小流域淤地坝泥沙粒度的剖面分布[J]. 应用生态学报, 20(10): 2461-2467.

王宏, 马勇, 陈志军, 1997. 河龙区间南片淤地坝对泥沙径流影响的分析与计算[J]. 土壤侵蚀与水土保持学报, 3(1): 11-17.

王礼先, 2006. 小流域综合治理的概念与原则[J]. 中国水土保持, 27(2): 16-17.

王朋晓, 岳大鹏, 郭坤杰, 等, 2016. 黄土洼淤地坝沟道沉积物粒度特征与沉积环境分析[J]. 山东农业科学, 48(5): 67-74.

王随继, 冉立山, 2008. 无定河流域产沙量变化的淤地坝效应分析[J]. 地理研究, 27(4): 811-818.

王文娣, 2019. 黄土高原小流域泥沙来源与粒径变化研究[D]. 杨陵: 西北农林科技大学.

王晓燕, 陈洪松, 田均良, 等, 2005. 侵蚀泥沙颗粒中^{137}Cs的含量特征及其示踪意义[J]. 泥沙研究, 4(2): 61-65.

王永吉, 杨明义, 张加琼, 等, 2017. 水蚀风蚀交错带小流域淤地坝泥沙沉积特征[J]. 水土保持研究, 24(2): 1-5.

王允升, 王英顺, 1995. 黄河中游地区1994年暴雨洪水淤地坝水毁情况和拦淤作用调查[J]. 中国水土保持, 16(8): 23-25.

王治国, 胡振华, 段喜明, 等, 1999. 黄土残塬区沟坝地淤积土壤特征比较研究[J]. 土壤侵蚀与水土保持学报, 5(4): 22-27.

王祖正, 孙虎, 延军平, 等, 2010. 基于ArcGIS的淤地坝土壤含水量空间变化分析[J]. 西北大学学报(自然科学版), 40(4): 721-724.

魏霞, 2005. 淤地坝淤积信息与流域降雨产流产沙关系研究[D]. 西安: 西安理工大学.

魏霞, 李勋贵, 李占斌, 等, 2009. 淤地坝对黄土高原坡沟系统重力侵蚀调控研究[J]. 西安建筑科技大学学报(自然科学版), 41(6): 856-861.

魏霞, 李占斌, 李勋贵, 等, 2007a. 大理河流域水土保持减沙趋势分析及其成因[J]. 水土保持学报, 21(4): 67-71.

魏霞, 李占斌, 李勋贵, 等, 2007b. 淤地坝坝地淤积过程与侵蚀性降雨的灰关联分析[J]. 安全与环境学报, 7(2): 101-104.

魏霞, 李占斌, 李勋贵, 等, 2007c. 基于灰关联分析的坝地淤积过程与侵蚀性降雨响应研究[J]. 自然资源学报, 22(5): 842-850.

魏艳红, 王志杰, 何忠, 等, 2015. 延河流域 2013 年 7 月连续暴雨下淤地坝毁坏情况调查与评价[J]. 水土保持通报, 35(3): 250-255.

徐向舟, 2005. 黄土高原沟道坝系拦沙效应模型试验研究[D]. 北京: 清华大学.

徐向舟, 张红武, 许士国, 等, 2009. 建坝顺序对坝系拦沙效率影响的试验研究[J]. 北京林业大学学报, 31(1): 139-144.

徐小玲, 延军平, 梁煦枫, 2008. 无定河流域典型淤地坝水资源效应比较研究——以辛店沟、韭园沟和裴家峁为例[J]. 干旱区资源与环境, 22(12): 77-83.

徐学选, 张北赢, 白晓华, 2007. 黄土丘陵区土壤水资源与土地利用的耦合研究[J]. 水土保持学报, 21(3): 166-169.

许炯心, 2010. 无定河流域的人工沉积汇及其对泥沙输移比的影响[J]. 地理研究, 29(3): 397-407.

许炯心, 孙季, 2006. 无定河淤地坝拦沙措施时间变化的分析与对策[J]. 水土保持学报, 20(2): 26-30.

许文龙, 2019. 皇甫川流域侵蚀产沙特征及土地退化研究[D]. 杨陵: 西北农林科技大学.

薛凯, 杨明义, 张风宝, 等, 2011. 利用淤地坝泥沙沉积旋廻反演小流域侵蚀历史[J]. 核农学报, 25(1): 115-120.

闫云霞, 许炯心, 廖建华, 等, 2007. 黄土高原多沙粗沙区高含沙水流发生频率的时间变化[J]. 泥沙研究, (4): 27-33.

颜艳, 岳大鹏, 李奎, 等, 2014. 1953-2010 年黄土洼天然淤地坝内洪水沉积物粒度旋回特征[J]. 水土保持通报, 34(6): 349-354.

杨吉山, 张晓华, 宋天华, 等, 2020. 宁夏清水河流域淤地坝拦沙量分析[J]. 干旱区资源与环境, 34(4): 122-127.

杨启红, 2009. 黄土高原典型流域土地利用与沟道工程的径流泥沙调控作用研究[D]. 北京: 北京林业大学.

杨瑞, 李子龙, 王丹, 等, 2018. 黄土高原小流域淤地坝系安全评价[J]. 延安大学学报(自然科学版), 37(1): 41-45.

姚文艺, 2019. 新时代黄河流域水土保持发展机遇与科学定位[J]. 人民黄河, 41(12): 1-7.

姚文艺, 茹玉英, 康玲玲, 2004. 水土保持措施不同配置体系的滞洪减沙效应[J]. 水土保持学报, 18(2): 28-31.

袁建平, 雷廷武, 蒋定生, 等, 2000. 不同治理度下小流域正态整体模型试验——工程措施对小流域径流泥沙的影响[J]. 农业工程学报, 16(1): 22-25.

张风宝, 薛凯, 杨明义, 等, 2012. 坝地沉积旋回泥沙养分变化及其对小流域泥沙来源的解释[J]. 农业工程学报, 28(20): 143-149.

张红娟, 延军平, 周立花, 等, 2007. 黄土高原淤地坝对水资源影响的初步研究——以绥德县韭园沟典型坝地为例[J]. 西北大学学报(自然科学版), 37(3): 475-478.

张玮, 2015. 利用近 40 年来坝地沉积旋回研究黄土丘陵区小流域侵蚀变化特征[D]. 杨陵: 西北农林科技大学.

张晓明, 2014. 黄土高原小流域淤地坝系优化研究[D]. 杨陵: 西北农林科技大学.

张信宝, 温仲明, 冯明义, 等, 2007. 应用 ^{137}Cs 示踪技术破译黄土丘陵区小流域坝库沉积赋存的产沙记录[J]. 中国科学(D 辑: 地球科学), 37(3): 405-410.

赵培培, 2010. 黄土高原小流域典型坝地土壤水分和泥沙空间分布特征[D]. 杨陵: 中国科学院教育部水土保持与生态环境研究中心.

赵中娜, 2019. 黄土高原典型侵蚀区淤地坝土壤颗粒和碳氮的沉积特征[D]. 杨陵: 西北农林科技大学.

朱连奇, 史学建, 韩慧霞, 2009. 影响淤地坝建设的地理要素——以黄河中游多沙粗沙区为例[J]. 地理研究, 28(6): 1625-1632.

邹兵华, 袁洁, 李占斌, 等, 2013a. 淤地坝控制黄土高原坡沟系统重力侵蚀的空间特征[J]. 水土保持通报, 33(5):

55-59.

邹兵华, 袁洁, 李占斌, 等, 2013b. 淤地坝减轻坡沟系统滑坡侵蚀的数值模拟[J]. 水土保持通报, 33(1): 265-270.

左仲国, 董增川, 王好芳, 2001. 淤地坝系水资源系统分析模型研究[J]. 河海大学学报, 4(29): 81-83.

CHEN Y, WANG K, LIU Y, et al., 2015. Balancing green and grain trade[J]. Nature Geoscience, 8(10): 739-741.

FENG X, FU B, PIAO S, et al., 2016. Revegetation in China's Loess Plateau is approaching sustainable water resource limits[J]. Nature Climate Change, 6(11): 1019-1022.

FU B, WANG S, LIU Y, et al., 2017. Hydrogeomorphic ecosystem responses to natural and anthropogenic changes in the Loess Plateau of China[J]. Annual Review of Earth and Planetary Sciences, 45(1): 223-243.

LI X G, WEI X, 2011a. Soil erosion analysis of human influence on the controlled basin system of check dams in small watersheds of the Loess Plateau, China[J]. Expert Systems with Applications, 38(4): 4228-4233.

LI X G, WEI X, 2011b. Relationship between surplus floodwater in flood season and coupling risk of soil and water loss [J]. Scientia Geographica Sinica, 31(9): 1138-1143.

LI X G, WEI X, WEI N, 2016. Correlating check dam sedimentation and rainstorm characteristics on the Loess Plateau, China[J]. Geomorphology, 265: 84-97.

LIU X, ZHANG G C, HEATHMAN G C, et al., 2009. Fractal features of soil particle-size distribution as affected by plant communities in the forested region of Mountain Yimeng, China[J]. Geoderma, 154(1-2): 123-130.

LU Y H, RAN H S, FU B J, et al., 2012. Carbon retention by check dams: Regional scale estimation[J]. Ecological Engineering, 44: 139-146.

WANG S, FU B, PIAO S, et al., 2015. Reduced sediment transport in the Yellow River due to anthropogenic changes[J]. Nature Geoscicnce, 9(1): 38-41.

WEI X, LI X, WEI N, 2016. Fractal features of soil particle size distribution in layered sediments behind two check dams: Implications for the Loess Plateau, China[J]. Geomorphology, 266: 133-145.

YUE X L, MU X M, ZHAO G J, et al., 2014. Dynamic changes of sediment load in the middle reaches of the Yellow River Basin, China and implications for eco-restoration[J]. Ecological Engineering, 73: 64-72.

ZHAO Y, CAO W, HU C, et al., 2019. Analysis of changes in characteristics of flood and sediment yield in typical basins of the Yellow River under extreme rainfall events[J]. Catena, 177: 31-40.

ZHENG H, MIAO C, WU J, et al., 2019. Temporal and spatial variations in water discharge and sediment load on the Loess Plateau, China: A high-density study[J]. The Science of the Total Environment, 666: 875-886.

第2章 研究区概况

研究区位于陕北黄土高原地区。黄土高原为我国四大高原之一,面积约为 63.5 万 km²(北纬 33°41′~41°16′,东经 100°52′~114°33′),东西长度达 1000km,南北宽度约 750km,包括太行山以西、青海省日月山以东、秦岭以北、长城以南的广大地区,位于我国第二级阶梯之上,海拔 800~3000m(彭珂珊,2013;Fu et al.,2011;何永涛等,2009;唐克丽,2004;Shi et al.,2000),主要由山西高原、陕甘晋高原、陇中高原、鄂尔多斯高原和河套平原组成(Gao et al.,2016;水利部黄河水利委员会,2013;水利部等,2010;黄河水利委员会西峰水土保持科学试验站,2005;唐克丽,2004;Shi et al.,2000)。黄土高原地区原生黄土 38.1 万 km²,次生黄土 25.4 万 km²,黄土颗粒细,土质松软,除少数石质山地外,黄土厚度为 50~80m,最厚达 150~180m(彭珂珊,2013;唐克丽,2004)。该地区全年总降雨量少,年均降雨量为 200~700mm,其中 65%集中在夏季,并且以短历时强降雨为主,降雨强度大,降雨量集中,往往一次降雨量就占全年总降雨量的 30%甚至更多,这是黄土高原水土流失的重要原因之一。受暴雨影响,大多数河流汛期洪峰急涨猛落,汛期径流量占全年径流量的 70%以上,并且该区水系均为高含沙河流,通常一次洪水含沙量可达全年含沙量的 70%~80%。

由于黄土高原地区沟壑纵横,地形地貌复杂,黄土质地疏松,易遭受降雨径流侵蚀,水土流失面积为 45.4 万 km²,约占黄土高原总面积的 71%,是我国乃至世界上水土流失最严重的地区之一,土壤侵蚀模数为 1000~1500t/(km²·a),水土流失严重区域的土壤侵蚀模数高达 15000t/(km²·a)(刘国彬等,2017;彭珂珊,2013;Zhu,2012)。长期以来,受气候、地形地貌、土壤、植被和人类活动等诸多因素影响,该地区生态环境十分脆弱,严重的水土流失使表层肥沃的土壤丧失殆尽,肥力衰退,严重影响该地区农业生产。相关研究表明,黄土高原地区每年流失的土壤有机质达 1800 万 t,氮素 154 万 t,仅氮素折合成尿素就相当于该地区全年的化肥用量(刘国彬等,2017;李耀军,2015;李敏,2014)。此外,严重的水土流失造成该地区地形破碎,起伏不平,千沟万壑,在水土流失严重的地方,沟壑密度达 3~6km/km²。沟壑的溯源侵蚀,河流凹岸的冲刷侵蚀、重力滑坡、崩塌、泻溜等现象时有发生,蚕食土地。黄河平均每年有 4 亿 t 泥沙淤积在下游河道,每年平均淤高 10cm,造成下游河床高出两岸地面 3~10cm,最高处达 15cm(李耀军,2015;姚文艺等,2013;李锐等,2008)。

20 世纪 50 年代以来，尤其是 70 年代，我国在黄土高原地区开展了大规模的生态环境建设和水土流失综合治理工作，如造林种草、修建淤地坝和梯田及小流域综合整治等(Fu et al.，2017)。之后又推行了退耕还林(草)工程，该区土地利用类型和地表植被覆盖条件发生了剧烈变化(Feng et al.，2016；Chen et al.，2015)。此外，在全球气候变暖背景下，黄土高原地区气温升高，降雨增加，极端降雨量占总降雨量比例呈增加趋势(胡春宏等，2020a；Zhao et al.，2019)。这些都使黄土高原地区侵蚀环境发生了剧烈变化，对区域土壤侵蚀速率产生了深刻的影响(赵恬茵等，2020)，土壤侵蚀明显减弱，侵蚀速率快速下降(李勉等，2017b；张玮，2015；Zhao et al.，2015；李奎，2014；Wang et al.，2014)，使黄河泥沙大幅减少(刘晓燕，2020；胡春宏等，2020a，2020b，2018；Zheng et al.，2019；穆兴民等，2019；胡春宏，2016；Wang et al.，2015；Yue et al.，2014)。据潼关水文站 1919~2019年水沙实测资料，黄河年平均输沙量从 1919~1959 年的 16 亿 t/a 减少到 2000~2019 年的 2.45 亿 t/a(胡春宏等，2020b；刘晓燕，2020)。实践证明，沟道淤地坝工程是小流域水土流失治理的最后一道防线，具有拦蓄坡面径流泥沙、抬高侵蚀基准面、防治沟道侵蚀及淤地造田等多重功效，在黄土高原水土流失治理过程中具有不可替代的作用。

本书所研究的五座典型淤地坝位于陕北黄土高原子洲县的小河沟流域、靖边县的红河则流域和绥德县的王茂沟流域。其中，石畔峁坝和花梁坝位于子洲县的小河沟流域，张山坝位于靖边县的红河则流域，关地沟 3 号坝和关地沟 4 号坝位于绥德县的王茂沟流域。本章分别对三个流域的概况进行介绍。

2.1　小河沟流域

2.2.1　流域自然地理概况

小河沟流域位于陕西省榆林市子洲县南部，东经 109°47′42″~109°65′61″，北纬 37°36′17″~37°43′34″，流域地理位置示意图如图 2.1 所示。小河沟流域属于大理河一级支流，无定河二级支流，流域面积为 63.5km²，流域全长为 18.03km，流域平均宽度为 4.4km，形状呈长条形，主沟长度为 16.47km，平均比降为 1.42%，沟壑密度为 3.6km/km²(魏霞等，2015，2006a，2006b；魏霞，2005；杨秀英等，2003)。整个流域东北高、西南低，海拔高度为 921~1249m，相对高差为 328m。流域地形支离破碎、梁窄坡陡、梁峁起伏、沟壑纵横，平均沟壑密度为 3.6km/km²(Wei et al.，2016；Li et al.，2016；龙翼等，2008)。流域多年平均降雨量为 443mm，多年平均侵蚀模数为 15000t/(km²·a)，年均输沙量 92.25 万 t。流域土壤主要为黄绵土、粉质壤土、红胶土和淤积土，其中以黄绵土为主，约占流域总面积的 70%(李耀军等，2016；邹兵华等，2008)。流域降雨特点为年际变化大，年内分布不均，且多以暴雨形式出现(魏宁等，2008；管新建等，2007)。

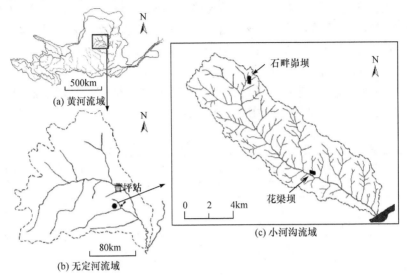

图 2.1 小河沟流域地理位置示意图

1. 地质地貌

小河沟流域在地质构造上属鄂尔多斯台向斜的一部分,基地系中生界砂页岩,基岩上覆三趾马红土、离石黄土，最上层为马兰黄土，在陡崖陡坡上还有午城黄土外露。流域内属梁峁状丘陵沟壑区,整体地貌东北高、西南低,地面坡度为 15°～40°。流域内沟壑纵横，梁峁起伏。主沟道呈 U 形，支沟呈 V 形，在长期的地壳运动和水力、风力、重力等外营力的作用及人为因素干扰下，形成了现在主沟沟床下切、基岩裸露、梁短峁圆、沟壑密布的地貌形态。

2. 沟道特征

小河沟流域内长度大于 300m 的沟道共 259 条，沟道比降为 1.3%～15%。①按地貌分级(斯特拉勒法)。在 1：10000 的地形图上，按斯特拉勒沟道划分原则，将流域沟道划分为四级：Ⅰ级沟道 208 条，平均面积 0.216km²，平均比降 9.87%；Ⅱ级沟道 39 条，平均面积 0.922km²，平均比降 6.56%；Ⅲ级沟道 11 条，平均面积 3.679km²，平均比降 4.22%；Ⅳ级沟道 1 条，平均面积 63.279km²，平均比降 1.42%。从沟道的分级情况看，沟道的级别越低，面积越小，比降越大；级别越高，面积越大，比降越小。按地貌分级的小河沟流域沟道特征统计详见表 2.1。②按流域面积分级。将流域内长度不小于 300m 的沟道按流域面积<0.1km²、0.1～0.5km²、0.5～1.0km²、1.0～3.0km²、3.0～5.0km²、5.0～10.0km²、>10.0km²

进行划分统计。其中，<0.1km² 的沟道 42 条，平均面积 0.076km²，平均比降 12.27%；0.1~0.5km² 的沟道 167 条，平均面积 0.223km²，平均比降 9.40%；0.5~1.0km² 的沟道 22 条，平均面积 0.677km²，平均比降 6.56%；1.0~3.0km² 的沟道 23 条，平均面积 1.537km²，平均比降 5.51%；3.0~5.0km² 的沟道 3 条，平均面积 4.303km²，平均比降 3.90%；5.0~10.0km² 的沟道 3 条，平均面积 5.991km²，平均比降 3.04%；>10.0km² 的沟道 1 条，平均面积 63.279km²，平均比降 1.42%。按流域面积分级的小河沟流域沟道特征统计详见表 2.2。从统计结果看，流域面积越小，沟道比降越大；流域面积越大，沟道比降越小。

表 2.1　按地貌分级的小河沟流域沟道特征统计

沟道级别	沟道数/条	平均面积/km²	流域平均长度/m	沟道平均长度/m	沟段平均长度/m	流域平均宽度/m	沟段平均比降/%	沟道平均比降/%
Ⅰ	208	0.216	796	572	—	345	—	9.87
Ⅱ	39	0.922	1721	1445	747	8	4.64	6.56
Ⅲ	11	3.679	3530	3186	1554	1448	2.98	4.22
Ⅳ	1	63.279	18030	17700	13300	4400	1.30	1.42

表 2.2　按流域面积分级的小河沟流域沟道特征统计

沟道级别	沟道数/条	平均面积/km²	流域平均长度/m	沟道平均长度/m	沟段平均长度/m	流域平均宽度/m	沟段平均比降/%	沟道平均比降/%
<0.1km²	42	0.076	540	383	—	208	—	12.27
0.1~0.5km²	167	0.223	844	607	488	381	5.97	9.40
0.5~1.0km²	22	0.677	1447	1152	454	706	4.39	6.56
1.0~3.0km²	23	1.537	2212	1928	1100	988	3.90	5.51
3.0~5.0km²	3	4.303	3847	3407	1813	1607	2.81	3.90
5.0~10.0km²	3	5.991	5020	4623	2427	1440	2.41	3.04
>10.0km²	1	63.279	18030	17700	13300	4400	1.30	1.42

3. 水文气象

小河沟流域地处暖温带半干旱森林草原地带，具有明显的大陆性季风气候特点，四季分明，冬季寒冷而漫长，夏季温热而短暂，春季气温多变且多风，秋季多雨且降温快。据气象资料显示，流域内多年平均降雨量为 443mm，其中的 70% 左右集中在 7~9 月，24h 最大降雨量为 150mm，年径流深度为 45mm，年径流总量为 285.75 万 m³，流域内平均气温为 9.2℃，最高气温为 38℃，最低气温为−22.6℃，平均日照时数为 2613h，年均蒸发量为 1586.5mm，结冰期为 112d，无霜期为 156d。

4. 土壤植被

流域内广泛分布着黄土性土壤，绵沙土、黄绵土为流域内的主要土壤，在分水岭、坡脚有零星的黑垆土分布，红土多分布在沟缘线以下的陡坡、土崖和下切较深的沟床两侧。根据土壤普查资料，小河沟流域瓜园则湾乡、马蹄沟镇的耕层土壤有机质缺乏，氮素不足，严重缺磷，土壤贫瘠，地力不高。流域内耕层土壤养分分析详见表 2.3。该流域在历史上曾是"水草丰美，群羊塞道，沃野千里，牛羊满山"的广阔草原，由于历史的更迭，加之强烈的水土流失和半干旱气候条件的影响，逐渐以农业取代了自然植被。但后来只抓粮食产量，忽视林牧业生产，垦荒种植连年不断，地面植被受到了严重破坏。目前，尚存的天然植被主要分布在坡洼、梁峁边缘和一些不适合农作物生长的小片地块上，数量极少，种类以草本植物为主，乔木树种均为后期人工栽培。

表 2.3 流域内耕层土壤养分分析

乡镇	有机质浓度/(mg/kg)	全氮浓度/(mg/kg)	碱解氮浓度/(mg/kg)	速效磷浓度/(mg/kg)	速效钾浓度/(mg/kg)	有机磷浓度/全氮浓度	碱解氮浓度/速效磷浓度
瓜园则湾乡	4050	295	25.66	2.2	104.6	7.96	11.66
马蹄沟镇	5550	418	38.62	122.8	4.0	7.70	9.66

2.2.2 流域社会经济情况

1. 行政区划

小河沟流域涉及子洲县马蹄沟镇、瓜园则湾乡的 53 个行政村，总人口 32940 人，共 12730 户，林草覆盖率 36.6%，县城绿化覆盖率 41.8%，水土流失治理面积 5.36km²。人均耕地面积 0.08hm²，全年粮食总产量 1.98 万吨，年国民经济总产值 3.23 亿元，其中农业 2.39 亿元，人均年纯收入 979.5 元(数据来自《陕西省榆林市子洲县 2019 年国民经济和社会发展统计公报》)。

2. 土地利用

小河沟流域总土地面积为 6330hm²，其中耕地面积为 2653hm²，占流域总面积的 41.9%，林地面积为 1680hm²，草地面积为 747hm²，荒地面积为 1250hm²，土地利用率 80%。小河沟流域土地利用现状见表 2.4。由表 2.4 可知，流域内的耕地、林地、草地的面积分别占总流域面积的 41.9%、26.5%、11.8%。在耕地中，坡地占 68.3%，这些坡地大部分集中在峁边线以上，坡度为 5°～35°。

表 2.4　小河沟流域土地利用现状

总面积 /hm²	耕地面积/hm²					林地面积 /hm²	草地面积 /hm²	荒地面积 /hm²
	梯田	坝地	水地	坡地	小计			
6330	656	144	40	1813	2653	1680	747	1250

3. 水土流失特征及危害

由于流域内地形破碎、梁峁起伏、沟壑纵横，土层深厚且土壤结构疏松，极易受到水力、风力等外营力的侵蚀，产生水土流失。流域水土流失类型以水力侵蚀为主，表现为雨滴溅蚀、面蚀、沟蚀和洞穴侵蚀；在峁边线以下的陡坡段和主沟道切沟两侧的沟床上，受水力冲击形成滑坡、崩塌和泻溜等形式的重力侵蚀。同时，弱透水层与上覆土层间的地下水溢出处，被潜水浸泡的土体随水呈泥浆状流出，沿陡峻的山坡和水流通道在沟谷中堆积形成扇形体，一旦发生洪水，泥流被水冲刷下泄，对下游造成危害。流域内年平均土壤侵蚀模数达 15000t/(km²·a)，属于无定河中下游丘陵沟壑强度流失区。

长期严重的水土流失，使当地人民赖以生存的自然环境恶化，分布在梁峁上的耕地经过各种形式的土壤侵蚀，沟头延伸峁边线不断后退，土壤熟化层变薄，土壤肥料日益减退，抗旱保墒能力日益下降，形成少雨即旱、有雨则冲的恶性局面。同时，大量泥沙下泄，埋田毁屋，淤积库渠，不仅消耗了大量的人力物力，贻误农时，而且造成了侵蚀沟的恶性发育，加剧了洪水灾害。

4. 水土流失治理

20 世纪 50 年代初，当地群众就用秧歌"远山高山林草山，近山低山花果山，拐沟打坝聚湫滩，平地要变成米粮川"来描绘山区远景和治理方向。多年来，群众用打淤地坝、修谷坊、修梯田、修堰窝、锁川畔、修水簸箕、修水平沟、拍地畔及造林种草等多种形式治理水土流失。1983 年，该流域被列入无定河流域一级重点治理小流域，地方各级人民政府特别是水利水保部门投入了很大的精力，组织人员规划、设计与施工，因地制宜，防治结合，综合治理，取得了显著效益。截至 2001 年底，流域内各项治理措施覆盖面积达 30.7km²，治理度达 51%，水土流失形态发生变化，得到了有效的控制。截至 2003 年，小河沟流域淤地坝基本情况见表 2.5。

表 2.5　小河沟流域淤地坝基本情况

坝名	建坝年份	坝控面积/km²	淤地面积/hm²		坝高/m	库容/万 m³			淤积面与坝顶距离/m	已利用面积/hm²
			可淤面积	已淤面积		总库容	可拦泥库容	已拦泥库容		
魏庄	1976	6.93	26.7	26.7	36.0	277.6	210.0	210.0	4.0	25.7
老庄沟	1972	1.29	3.2	3.2	4.6	4.6	4.6	4.6	0.4	2.3
瓦窑峁	1972	1.61	5.3	5.3	28.0	56.1	45.5	45.5	2.4	4.8
艾好嘴	1954	0.40	2.0	2.0	15.0	24.0	24.0	24.0	—	2.0
百合沟	1954	0.30	2.3	2.3	17.0	31.0	31.0	31.0	—	2.3
曹峁	1974	8.86	95.6	58.9	48.0	1300.0	1150.0	1015.0	10.0	—
寨山沟	1973	1.06	3.0	2.7	9.0	11.5	7.0	6.3	2.0	2.0
倪渠	1972	0.64	2.4	2.4	15.0	14.3	11.2	11.2	1.0	1.7
老屹塔	1976	0.11	1.3	1.3	18.0	13.4	11.0	11.0	2.2	1.3
花梁	1971	1.47	7.3	7.3	30.0	80.6	66.0	66.0	3.0	5.3
老庄山	1974	0.31	2.0	2.0	17.0	12.6	12.6	12.6	0.5	2.0
麻胡峁	1975	0.48	1.8	1.7	16.0	11.9	9.8	9.4	1.5	1.7
园则沟	1958	0.51	2.0	2.0	15.0	12.1	8.5	8.5	3.0	1.7
石畔沟	1976	0.96	1.7	1.7	3.5	6.1	4.4	4.4	3.5	1.3
大沟	1972	1.30	2.4	2.4	25.0	30.0	30.0	30.0	—	2.4
火烧沟	1974	0.40	1.9	1.9	20.0	40.0	40.0	40.0	—	1.9
掌沟	1972	0.49	1.3	1.3	13.0	10.8	8.9	8.9	1.1	1.3
陈渠	1974	0.58	1.7	1.7	4.3	6.3	4.7	4.7	1.0	1.7
马鞍山	1973	0.10	0.3	0.3	8.0	0.9	0.9	0.9	0.0	0.3
黄跃沟	1976	0.24	1.9	1.9	10.0	7.4	7.4	7.4	0.0	1.9
燕沟	1975	0.95	4.0	4.0	29.0	42.1	42.1	42.1	1.0	4.0
吴山	1975	1.86	4.7	4.7	26.0	45.1	35.8	35.8	3.0	3.0
火石沟 1 号	1972	1.42	4.0	4.0	15.0	19.4	18.0	17.3	2.0	2.7
火石沟 2 号	1967	0.60	0.8	0.8	6.0	4.2	4.0	4.0	1.0	0.8
吴山 1 号	1960	0.81	2.2	2.2	11.0	7.9	7.9	7.9	0.0	2.0
吴家山	1958	0.34	2.0	2.0	15.0	9.7	9.7	9.7	0.0	2.0
艾家畔 1 号	1973	2.07	8.5	8.5	30.0	94.0	88.9	88.9	1.8	6.7

续表

| 坝名 | 建坝年份 | 坝控面积/km² | 淤地面积/hm² | | 坝高/m | 库容/万 m³ | | | 淤积面与坝顶距离/m | 已利用面积/hm² |
			可淤面积	已淤面积		总库容	可拦泥库容	已拦泥库容		
小蒜嘴	1963	0.32	1.3	1.3	16.4	7.6	7.6	7.6	0.0	1.3
艾家畔后沟	1952	0.33	4.0	2.3	19.6	25.4	22.7	9.10	1.0	2.0
桑坪	1974	3.79	11.3	11.3	35.0	141.5	113.4	113.4	3.3	9.3
西沟 1 号	1962	0.94	1.4	1.4	7.0	3.1	3.1	3.1	0.0	1.3
西沟掌坝1 号	1958	0.35	4.0	2.7	20.0	40.0	40.0	40.0	—	2.7
西沟掌坝2 号	1972	0.30	2.7	2.7	16.0	28.0	28.0	28.0	0.0	2.7
西沟 2 号	1958	0.37	2.3	2.0	13.0	13.2	9.3	6.7	3.0	2.0
东沟	1958	1.11	3.3	3.3	16.0	20.4	20.4	20.4	0.0	3.3
艾家畔	1974	6.89	31.2	31.2	40.0	519.0	416.0	416.0	5.0	25.3
蒋兴庄	2001	1.98	9.9	3.5	31.0	138.0	126.0	68.0	12.4	3.5
蒋新庄2 号	1962	0.50	4.0	1.3	20.0	40.0	40.0	40.0	—	1.3
端午坪	2000	0.51	0.0	0.0	9.0	3.5	—	—	7.0	
朱阳湾	1973	3.99	11.3	10.0	23.0	75.2	71.8	64.3	3.7	7.3
没天沟1 号	1970	0.24	2.0	2.0	5.0	2.3	2.3	2.3	1.5	0.7
没天沟3 号	1966	0.54	3.2	3.2	17.0	17.9	17.9	17.9	0.6	2.7
羊路渠	1958	1.99	2.7	2.7	15.0	12.7	12.7	12.7	0.0	2.7
田巨塌	2001	1.40	2.3	0.0	12.0	7.0	—	—	8.0	—
上洼	1970	0.53	2.0	2.0	6.0	4.4	4.4	4.4	0.0	2.0
红香峁	1972	1.05	2.5	2.5	12.0	9.3	9.3	9.3	1.0	0.5
宽焉	1968	0.64	2.3	2.3	4.0	2.8	2.4	2.4	1.0	2.3

2.2　王茂沟流域

2.2.1　流域自然地理概况

王茂沟流域是黄河水利委员会绥德水土保持科学试验站的试验性治理小流域

之一，也是我国最早的水土流失治理试验小流域之一(冯国安等，1998；张金慧，1993)。王茂沟流域是陕北绥德县韭园沟中游左岸的一条支沟，是无定河二级支沟，位于东经 110°20′26″～110°22′46″，北纬 37°34′13″～37°36′03″，流域地理位置示意图如图 2.2 所示。流域海拔为 940～1188m，流域面积为 5.97km²，主沟长度为 3.75km，沟道平均比降为 2.7%，沟谷地面积为 2.97km²，占流域总面积的 49.7%(李勉等，2008，2006，2005；侯建才等，2007；刘汉喜等，1995)。流域内地质构造比较单一，表层多为质地匀细、组织疏松的黄绵土，厚度为 20～30m(张金慧，1993)。在长期水土流失的影响下，地面受到严重切割，表现为支离破碎、梁峁起伏、沟壑纵横，沟壑密度为 4.3km/km²。降雨量少而且分布不均，多以短历时大暴雨出现，多年平均降雨量为 513mm，汛期(6～9 月)降雨量往往可达全年降雨量的 70%以上(李勉等，2018，2017a，2017b，2017c；高海东，2013)，导致该区水土流失严重，次暴雨产沙量通常可占全年总产沙量的 60%以上。

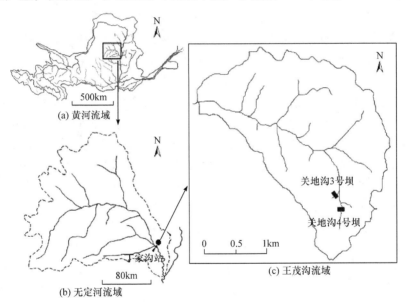

图 2.2　王茂沟流域地理位置示意图

1. 地质地貌

王茂沟流域内地质构造比较单一，基岩由三叠纪浅灰带绿色砂岩、页岩相间组成，上部和红土接触处为一层硬质砂岩，岩层大体水平排列，个别地方有断落现象(钟少华，2020)。流域地貌形态主要由梁、峁和分隔梁、峁的沟谷组成，地形破碎，沟壑纵横，坡陡沟深。流域内共有沟道 46 条，其中面积<0.1km² 的沟道 24 条，面积为 0.1～0.5km² 的沟道 18 条，面积为 0.5～1.0km² 的沟道 2 条，面积>1.0km² 的沟道 2 条，沟壑密度为 4.3km/km²。地面坡度一般在 20°以上，小于

10°的面积仅占 2.2%，大于 45°以上的面积占 34.7%(侯建才等，2007；侯建才，2007)。按土壤侵蚀区划，王茂沟流域属黄土高原丘陵沟壑区第一副区。梁在平面图上呈长条形，峁呈圆形或椭圆形。梁顶和峁顶面积不大，均略成穹形，坡度为8°~10°。梁峁坡的坡度一般为 20°~35°。梁峁坡以下为沟谷，沟谷横断面在上游及支沟均呈 V 形，在下游略呈 U 形。沟谷坡极陡，坡度一般都在 35°以上。表 2.6为王茂沟流域地面坡度分布表。

表 2.6　王茂沟流域地面坡度分布表

坡度/(°)	0~5	6~10	11~15	16~20	21~30	31~45	>45
占比/%	0.4	1.8	2.8	11.7	36.7	11.9	34.7

2. 水文气象

王茂沟流域属大陆性气候，年平均气温为 10.2℃，最高气温为 39.1℃，最低气温为-27.1℃，无霜期 160d 左右。夏季多东南风，春秋多西北风，最大风力达9 级(钟少华，2020)。流域降雨量少且年内分布不均，表现为多发集中性的短历时大暴雨，多年平均降雨量为 513.1mm，最大年降雨量为 745.2mm，最小年降雨量为 254.4mm，降雨量的年际变率大，最大年降雨量约为最小年降雨量的 3 倍；降雨年内分配不均，年内降雨量主要集中在汛期(6~9 月)，汛期降雨量占年降雨量的 73.1%，且多以暴雨形式出现(方学敏等，1993)。多年平均蒸发量为 1519mm；风向除了汛期为东南风外，其余月份均为西北风，最大风速为 40m/s(李林，2017)。流域多年平均径流量为 23.4 万 m^3，平均径流深为 39.2mm。7~9 月径流总量占全年径流总量的 60%以上。根据王茂沟流域出口水文站 1953~2015 年统计资料，多年平均输沙量为 5.91 万 t，最大年输沙量为 9.59 万 t(段茂志，2019)。

3. 土壤植被

黄土是王茂沟流域主要的土壤类型，上部为马兰黄土，下部为离石黄土。表层为质地匀细、组织疏松的黄绵土，厚度为 20~30m，在梁峁顶和梁峁坡上均有分布。其下为红色黄土，厚度为 50~100m，多出露于沟谷。再下为基岩，主要为三叠纪的砂页岩，岩层倾角甚小，接近水平，只在干沟中下游沟床及其两侧露头。流域内无成片的成林，只个别的峁顶和一部分陡坡上，有人工种植的小片幼林，在村旁、路旁有散生树木。主要树种有杨树、柳树、臭椿、洋槐、柠条、酸刺、杞柳等。野生草本植物有茭蒿、狗尾草、长芒草等数十种，主要分布在荒坡上，但生长情况很差，植被盖度小于 30%。

2.2.2 流域社会经济情况

据调查资料显示，截至 2009 年底，王茂沟流域共有 210 户、852 人，人口密度为 143 人/km^2，总劳动力为 309 人。流域主要经济产业是农业，据统计，2009年流域农业产值 31.6 万元，人均收入 830 元，经济水平低下。截至 2016 年底，流域内总人口 796 人，人口密度 138 人/km^2，粮食总产量 272t；流域总土地面积8090.7 亩(1 亩≈666.7m^2)，其中退耕还林面积 2368.7 亩，实有耕地面积 2491 亩，耕地中的坝地面积为 400 亩、梯田面积为 1400 亩，实有林地面积为 3550 亩；大型牲畜存栏量 28 头，羊存栏量 91 只；农业机械合计 28 台；人均收入 3057 元(钟少华，2020)。

1. 土地利用

经过多年水土流失综合治理，目前流域土地利用类型以草地、坡耕地、梯田和林地为主，其他土地利用类型有园地、坝地、农村居民点、道路等。其中，林地面积为 0.37km^2，占流域面积的 6.20%；草地面积为 3.68km^2，占流域面积的61.64%；坡耕地面积为 0.64km^2，占流域面积的 10.72%；梯田面积为 0.71km^2，占流域面积的 11.89%；坝地面积 0.57km^2，占流域面积的 9.55%(柯浩成，2019)。流域内有农耕地 346.67hm^2，耕垦指数 58.1%，其中有 85.2hm^2 的地面坡度大于 25°。流域农耕地主要分布在梁峁顶和梁峁坡上，较缓的沟坡和沟床两侧的川台地上也有少量分布。

2. 水土流失特征及危害

王茂沟流域汛期径流量占年径流总量的 60%以上，汛期产沙量占年产沙总量的 95%以上，流域的侵蚀方式以水力侵蚀和重力侵蚀为主(侯建才等，2007)。侵蚀形态在分水岭及梁峁顶部平缓地段大部分表现为面蚀；在梁峁坡上部大部分为细沟侵蚀并且有浅沟形成；梁峁坡中下部细沟侵蚀进一步发育，大部分为浅沟侵蚀；重力侵蚀经常发生在沟谷边坡，侵蚀形态主要有滑坡、崩塌、泻溜等，侵蚀多发生在沟谷、沟缘断面。根据土壤侵蚀强度将流域划分为微度侵蚀区、轻度侵蚀区、中度侵蚀区、强度侵蚀区、极强度侵蚀区和剧烈侵蚀区六个区域。强度侵蚀区年侵蚀模数为 5000~8000t/(km^2·a)，占流域总面积的 34.0%；轻度侵蚀区年侵蚀模数为 1000~2500t/(km^2·a)，占流域总面积的 26.3%；极强度侵蚀区年侵蚀模数为 8000~15000t/(km^2·a)，占流域总面积的 19.4%；中度侵蚀区年侵蚀模数为 2500~5000t/(km^2·a)，占流域总面积的 11.6%；微度侵蚀区，年侵蚀模数在1000t/(km^2·a)以下，占流域总面积的 7.4%；剧烈侵蚀区年侵蚀模数为 15000~37000t/(km^2·a)，占流域总面积的 1.6%(计算各侵蚀区面积占比时进行了舍入修约，合计不为 100%)。根据淤地坝淤积数据分析，流域多年平均侵蚀模数为 7413t/(km² · a)。根据地貌类型和侵蚀发生的部位，流域内侵蚀类型可以划分为沟间地侵蚀和沟谷地侵蚀，一般沟谷地侵蚀比沟间地更为剧烈，流域侵蚀产沙主要来源于沟谷地侵蚀(段茂志，2019)。

3. 水土流失治理

王茂沟流域治理前坡耕地面积占流域面积的 59%，治理前流域年平均侵蚀模数为 18000t/(km² · a)(杨力华等，2020；侯建才等，2007；冯国安等，1998；张金慧，1993)。王茂沟流域从 1953 年开展水土保持工作，经过几十年的治理，流域坝系布局较为完善，坡耕地大幅减少，梯田面积和植被盖度提高，可有效抗击特大暴雨的冲击(杨力华等，2020；刘宝元等，2017；王楠等，2017)。该流域的侵蚀沟变化及其影响因素，具有典型代表性(杨力华等，2020；上官周平，2006)。截至 1999 年底，兴修水平梯田面积为 112.47hm²，造林面积为 199.96hm²，种草面积为 27.25hm²，形成坝地面积为 25.16hm²。总治理面积 367.81hm²，治理程度达到 61.61%(马勇勇，2019)。截至 2004 年底，流域存有淤地坝 23 座，骨干坝 2 座，大、中型坝 6 座，小型坝 15 座；总库容 273.2 万 m³，拦泥库容 243.59 万 m³，已淤库容 177.5 万 m³，剩余库容 95.7 万 m³；可淤面积 34.64hm²，已淤面积 26.84hm²，已利用面积 24.20hm²；综合治理面积为 393.06hm²，基本农田面积为 164.20hm²，经济林面积为 72.83hm²，乔木林面积为 6.76hm²，灌木林面积为 134.07hm²，人工种草面积为 15.18hm²，封禁治理面积为 18.13hm²，治理程度达到 65.84%。截至 2012 年底，王茂沟流域兴修水平梯田面积为 148.20hm²，造林面积为 52.60hm²，种草面积为 209.90hm²，形成坝地面积为 35.90hm²，总治理面积为 446.60hm²，治理程度为 77.7%(马勇勇，2019)；共有淤地坝 23 座，其中大型坝 2 座，中型坝 7 座，小型坝 14 座(高海东，2013)。王茂沟流域淤地坝基本情况见表 2.7，不同规模淤地坝汇总情况见表 2.8。

表 2.7 王茂沟流域淤地坝基本情况

坝名	坝高/m	坝控面积/km²	淤地面积/hm²	淤积面平均高程/m	淤积面与坝顶距离/m	回淤长度/m	淤积面纵比降/%
王茂沟1#坝	19.8	2.89	3.32	950.09	1.57	876.20	0.23
王茂沟2#坝	30.0	2.97	4.04	989.79	12.20	560.00	0.21
黄柏沟2#坝	15.0	0.18	0.47	992.73	1.82	155.51	0.28

续表

坝名	坝高/m	坝控面积/km²	淤地面积/hm²	淤积面平均高程/m	淤积面与坝顶距离/m	回淤长度/m	淤积面纵比降/%
康河沟2#坝	16.5	0.32	0.40	1003.6	3.62	158.59	0.30
马地嘴坝	8.0	0.50	1.23	998.26	4.82	296.67	0.29
关地沟1#坝	23.0	1.14	2.81	1012.58	8.62	472.88	0.26
死地嘴1#坝	8.9	0.62	3.02	1014.31	2.30	164.42	0.31
黄柏沟1#坝	13.0	0.34	0.24	978.95	3.52	217.30	0.32
康河沟1#坝	12.0	0.06	0.28	990.72	1.62	158.91	0.29
康河沟3#坝	10.5	0.25	0.33	1013.88	0.20	196.83	0.31
埝堰沟1#坝	13.5	0.86	0.97	993.68	8.56	226.87	0.28
埝堰沟2#坝	6.5	0.18	1.98	999.89	0.30	389.50	0.25
埝堰沟3#坝	9.5	0.46	1.37	1005.53	5.35	224.87	0.30
埝堰沟4#坝	13.2	0.24	0.57	1018.22	0.30	140.65	0.33
麻圪凹坝	12.0	0.16	0.71	1011.67	0.20	233.62	0.27
何家峁坝	5.2	0.07	0.42	991.44	1.55	192.46	0.34
死地嘴2#坝	16.0	0.14	2.58	1029.93	0.40	542.50	0.24
王塔沟1#坝	8.0	0.35	0.64	1037.86	0.35	200.84	0.29
王塔沟2#坝	4.0	0.29	0.63	1041.45	0.46	164.57	0.30
关地沟2#坝	10.5	0.10	0.24	1021.18	1.50	120.00	0.33
关地沟3#坝	12.0	0.05	0.24	1030.77	2.40	356.55	0.28
背塔沟坝	13.2	0.20	0.94	1034.66	0.30	243.39	0.30

表 2.8　王茂沟流域不同规模淤地坝汇总情况

类型	淤地坝数/座	总库容/万m³	拦泥库容/万m³	已淤库容/万m³	剩余库容/万m³	可淤面积/hm²	已淤面积/hm²	已利用面积/hm²
大型坝	2	132.5	112.63	79.3	53.2	12.34	9.13	7.72
中型坝	7	97.4	87.66	54.9	42.5	12.20	8.86	8.28
小型坝	14	43.3	43.30	43.3	0.0	10.10	8.85	8.20
合计	23	273.2	243.59	177.5	95.7	34.64	26.84	24.20

2.3　红河则流域

2.3.1　流域自然地理概况

红河则流域,属于无定河流域大理河上游一级支流,位于东经 108°53′30″～109°2′00″,北纬 36°42′23″～36°45′20″(图 2.3)。该流域坝控面积为 76.2km²,主沟道长度为 10.2km,沟壑密度为 5.3km/km²,沟道平均比降为 3.1‰,水蚀剧烈,支沟发育。流域涉及陕北靖边县乔沟湾乡和小河镇的 4 个行政村,21 个村小组。红河则流域地处黄土丘陵沟壑区,地势西北高、东南低,海拔介于 1381～1702m,相对高差 321m。该流域属于陕北丘陵沟壑坡沟兼治区,区内地形以长梁大峁为

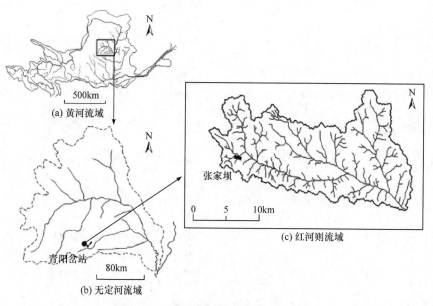

图 2.3　红河则流域地理位置示意图

主，坡面较缓，一般坡度为 10°～20°。梁峁坡下多有涧地，两者比差仅 30～50m，涧地囿于梁峁之中，状如盆地，地面坡度仅 3°～5°，是区内的主要农耕地区。流域多年平均径流量为 267.5 万 m³，多以洪水形式出现。

1. 地质地貌

红河则流域位于由中生代基岩和新生代晚期红土层构成的古地形上，广泛覆盖着更新统新老黄土、涧地堆积物和红色黏土。由于黄土层下伏中生界紫红色砂岩，更新统新黄土较薄，分布于梁峁坡的下部分和沟边一带，岩性疏松，也称绵沙土。老黄土较厚，厚度可达 50m 以上，多已裸露，为梁峁的主要组成物质，岩性固结较密，黏土含量较高，也称砂质黏土。涧地堆积物中多是砂质黏土、黏质砂土和粉细砂，厚度可达 30～70m。梁峁和涧地因其坡度较缓，水力侵蚀不剧烈，但沟间地汇水面积较大，涧地土壤抗冲能力差，涧面径流入沟冲刷非常严重，涧地破坏迅速，有些沟头年延伸长度可达十余米。涧地堆积物随着地下水运动，极易发生崩塌、泻溜，形成严重的重力侵蚀。此外，该区域的风蚀也较为严重，不少风道峁顶的年风蚀深度可达 5～10mm。由于沟谷狭窄，川道地占总面积比例很小。梁峁坡地垦殖系数不高，荒地较多。由于上覆黄土层深厚疏松，抗蚀性差，易于冲刷侵蚀，经长期水力侵蚀及其他外营力的剥蚀作用，形成以梁峁为主、沟深坡陡、冲沟发育、基岩裸露的地貌特征。同时，由于地处河源，受新构造上升运动的强烈作用，沟道下切严重，多形成窄而深(深度 200 多米)的 V 形槽谷，谷岸坡度多在 40°以上。分布于沟道右岸的局部涧地较为开阔平坦，约占全流域面积的 3.2%。

2. 水文气象

红河则流域属于半干旱大陆性季风气候，冬季严寒，夏季炎热，秋季凉爽，春季干旱多风；年平均气温为 7.8℃，极端高温为 36℃，最低温度为-28.5℃；年日照时数 2769h，全年太阳总辐射量为 137.19kW/cm²，无霜期 130d，≥10℃积温为 2700℃，年平均风速为 3.2m/s。据青阳岔水文站观测，流域内多年平均降雨量为 440.4mm，最大年降雨量为 744.6mm，最小年降雨量为 205mm；年平均蒸发量为 1700mm，约为年降雨量的 4 倍；降雨多集中在 7～9 月，多以短历时大暴雨形式出现，灾害性强。

3. 土壤植被

红河则流域内土壤多为第四纪覆盖性黄土，经风、水、重力作用而形成黄绵土，面积最大，分布范围最广，局部分布有红胶土和少量的黑垆土。土壤质地较轻，保水肥性差，有机质和土壤含氟量均低，熟化程度不高，极易产生坡面径流，普遍瘠薄。受自然条件制约和人为活动影响，植被类型单一，天然林已经不复存在，零星分布的人工林主要集中在村落四周和道路两侧，且树种老化。乔木林主要有杂交杨、旱柳、榆树等，灌木林主要以柠条、沙柳、酸刺、红柳、狼牙刺等防护树种为主，天然草种主要为耐寒抗旱和耐盐碱的零星杂草，如羽茅、马牙草、白草及蒿类等，林草覆盖率为 45.8%。

2.3.2　流域社会经济情况

红河则流域属陕西省榆林市靖边县，涉及乔沟湾乡和小河镇的 4 个行政村，总人口 0.43 万人，现有农业劳动力 0.26 万人，人口密度为 56.4 人/km²，人口自然增长率为 11.6%。由于自然条件的限制和人为活动的影响，水土流失严重，农业基础设施条件差，群众生活困难。

1. 土地利用

流域总面积为 7620hm²，为农林牧产业发展提供了最基本的物质基础。其中，农耕地面积为 1376hm²，占总面积的 18.1%；林地面积为 2780hm²，占总面积的 36.5%；牧草地面积为 410hm²，占总面积的 5.4%；果园面积为 42hm²，占总面积的 0.6%；生产用地面积为 4608hm²，占总面积的 60.5%；水域面积为 18hm²，占总面积的 0.2%；农、林、牧用地比例为 1∶2∶0.3。农耕地面积利用现状中，坡耕地面积为 1118hm²，基本农田面积为 258hm²。红河则流域土地利用现状与规划见表 2.9。

表 2.9　红河则流域土地利用现状与规划　　　　　（单位：hm²）

阶段	农耕地						果园	林地				牧草地		
	坡耕地	基本农田				小计		乔木	灌木	经济	小计	人工	天然	小计
		梯田	坝地	水地	其他									
现状	1118	106	132	8	12	1376	42	550	2050	180	2780	410	—	410
规划	90	308	280	24	18	720	75	750	2890	430	4070	860	—	860

阶段	水域				未利用地					其他用地				面积合计
	河流水面	塘坝水面	其他	小计	荒地	裸土地	沙地	其他	小计	村庄	道路	其他	小计	
现状	16	—	2	18	1780	190	—	110	2080	580	294	40	914	7620
规划	15	—	—	15	700	120	—	110	930	580	340	30	950	7620

2. 经济状况

长期以来，流域内群众习惯于靠天吃饭、广种薄收，生产条件落后，生产水平较低，掠夺式开发，粗放式经营，自我发展和抵御自然灾害的能力十分有限，加之交通不便，群众生活仍处于贫困状态。粮食作物主要有马铃薯、荞麦、豆类、糜子等，耕地面积过大，但粮食产量不高；牧副业在整个农业生产结构中所占比例较小，结构不合理，导致生活水平低下。据统计，2002 年农林牧副果业总产值为 537.51 万元，人均产值为 0.125 万元，年经济收入为 292.4 万元。其中农业产值为 263.38 万元，占总产值的 49%；林业产值为 59.13 万元，占总产值的 11%；牧业产值 118.25 万元，占总产值的 22%；副业产值 64.50 万元，占总产值的 12%；果业产值为 32.25 万元，占总产值的 6%。农林牧副业产值的比例为 4.1∶0.9∶1.8∶1.0，流域内农业经济结构单一，产业化程度偏低。

3. 水土流失特征及危害

由于流域上覆第四系新老黄土，土质疏松，抗蚀性差，加之暴雨集中及人为的不合理耕作活动，水力侵蚀十分严重。不少地方在黄土之下覆盖着不透水的红土，在地下水作用下坍塌、泻溜等重力侵蚀严重。流域地处沙漠南缘，气候干旱，风力强盛，部分地方风力侵蚀也很严重。由于诸多因素的影响，流域内普遍存在着面蚀、潜蚀、沟蚀、冲蚀以及崩塌、泻溜、土地沙化等多种侵蚀类型。在现有的侵蚀过程中，以谷坡的扩展和下切为主。沟谷地侵蚀严重，沟间地次之。暴雨是侵蚀的主导因素，全年水土流失主要发生在汛期，年侵蚀模数为 1.35 万 $t/(km^2 \cdot a)$。浑水径流含沙量高，往往形成高浓度的泥流向大理河输送。水土流失使大面积受侵蚀的幼年土壤得不到发育，土层变薄，肥力下降，大量表土流失，沟壑恶性扩展，破坏地表，减少耕地面积。泥沙流入下游河道后，减缓了河床流速，使泥沙淤积量加大，缩短了坝库使用寿命，减少或丧失了灌溉调洪功能。随之干旱、洪水、霜冻、冰雹、风沙等自然灾害频繁发生，对当地农业生产造成灾害性破坏和损失。此外，水土流失还会破坏交通，制约山区经济文化的发展。

4. 水土流失治理

红河则流域从 20 世纪六七十年代开始治理，至今已治理水土流失面积为 3490hm²，其中兴修基本农田面积为 258hm²，营造水保林面积为 2780hm²(经济林面积为 180hm²)，种草面积为 410hm²，种植果园面积为 42hm²。这些措施对拦截径流，缓解重力侵蚀，减少入黄泥沙，改善农业生产基本条件，扩大耕地面积，提高粮食产量，发展水产养殖，增加群众经济收入，发展地方经济都起到了积极的作用。当地群众在治理中坚持以小流域为单元，以重点治理为依托，以效益为中心，探索流域经济发展的新路子，创造水坠筑坝新技术，加快了建设进度，降低了建设费用，为建立良好的坝系农业生态系统打下了坚实的基础。目前，流域内坝系工程建设结构单一，淤地坝数量和密度偏小，沟道工程尚未形成综合防治体系。截至 2002 年底，流域内已建成和保留的骨干坝与大、中、小型淤地坝共 7 座，其中骨干坝 1 座，大型淤地坝 2 座，中型淤地坝 2 座；合计坝控面积为 90.52km²，合计总库容为 1837.5 万 m³，合计已淤库容为 1183.9 万 m³，合计可淤面积为 197.0hm²，合计已淤面积为 132.0hm²，合计利用面积为 119.75hm²。红河则流域淤地坝基本情况见表 2.10。

表 2.10 红河则流域淤地坝基本情况

类型	坝名	坝控面积/km²	枢纽组成	坝高/m	淤积高度/m	总库容/万 m³	已淤库容/万 m³	剩余库容/万 m³	可淤面积/hm²	已淤面积/hm²	利用面积/hm²
骨干	村界	8.90	二大件	38	14.3	217.5	105.0	112.5	14.5	7.0	5.00
大型	红河则	49.66	二大件	55	20.5	850.0	420.0	430.0	104.0	71.0	65.00
大型	寺咀	17.64	一大件	40	38.0	656.0	590.0	66.0	62.7	42.4	40.00
中型	贺家沟湾	6.10	二大件	10	7.3	48.7	29.3	19.6	6.4	5.0	4.30
中型	徐家湾	6.41	一大件	29	27.1	52.3	29.1	23.2	5.9	4.8	4.00
小型	张兴渠	0.80	一大件	12	10.5	8.0	6.5	1.5	1.7	0.9	0.75
小型	榆树洼	1.01	一大件	10	8.5	5.0	4.0	1.0	1.8	0.9	0.70

本章介绍了黄土高原土壤侵蚀和水土流失及其治理情况，对五座典型淤地坝所在的三个小流域——陕北子洲县小河沟流域、绥德县王茂沟流域、靖边县红河则流域的地质地貌、水文气象、土壤植被等自然地理情况和土地利用、水土流失特征及危害、水土流失治理等社会经济情况进行了介绍。

参 考 文 献

段茂志, 2019. 淤地坝防洪溃坝风险评价与实时预警模型设计[D]. 西安: 西安理工大学.

方学敏, 曾茂林, 左仲国, 1993. 黄河中游沟道流域淤地坝坝系拦沙作用分析——以王茂沟流域为例[J]. 水土保持通报, (3): 24-28.

冯国安, 郑宝明, 1998. 陕北王茂沟流域综合治理的启示[J]. 人民黄河, 20(1): 18-20.

高海东, 2013. 黄土高原丘陵沟壑区沟道治理工程的生态水文效应研究[D]. 杨陵: 中国科学院教育部水土保持与生态环境研究中心.

管新建, 李占斌, 李勉, 等, 2007. 基于BP神经网络的淤地坝次降雨泥沙淤积预测[J]. 西北农林科技大学学报(自然科学版), 35(9): 221-225.

何永涛, 李文华, 郎海鸥, 2009. 黄土高原降水资源特征与林木适宜度研究[J]. 干旱区研究, 26(3): 406-412.

侯建才, 2007. 黄土丘陵沟壑区小流域侵蚀产沙特征示踪研究[D]. 西安: 西安理工大学.

侯建才, 李占斌, 李勉, 2007. 黄土高原丘陵沟壑区一副区小流域淤地坝系效益分析——以王茂沟小流域为例[J]. 水土保持研究, 14(2): 34-36.

胡春宏, 2016. 黄河水沙变化与治理方略研究[J].水力发电学报, 35(10): 1-11.

胡春宏, 张晓明, 2018. 论黄河水沙变化趋势预测研究的若干问题[J]. 水利学报, 49(9): 1028-1039.

胡春宏, 张晓明, 2020a. 黄土高原水土流失治理与黄河水沙变化[J]. 水利水电技术, 51(1): 1-11.

胡春宏, 张晓明, 赵阳, 2020b. 黄河泥沙百年演变特征与近期波动变化成因解析[J]. 水科学进展, 31(5): 725-733.

黄河水利委员会西峰水土保持科学试验站, 2005. 黄土高原水土流失及其综合治理研究: 西峰水保试验研究成果及论文汇编(1989~2003)[M]. 郑州: 黄河水利出版社.

柯浩成, 2019. 黄土高原生态建设与土壤水分响应关系研究[D]. 西安: 西安理工大学.

李奎, 2014. 基于聚湫泥沙沉积分析与 RUSLE 模拟的黄土洼小流域土壤侵蚀研究[D]. 西安: 陕西师范大学.

李林, 2017. 黄土丘陵区流域土壤水资源变化与消耗——补偿模式研究[D]. 西安: 西安理工大学.

李勉, 李平, 杨二, 等, 2017a. 黄土丘陵区淤地坝建设后小流域泥沙拦蓄与输移特征[J]. 农业工程学报, 33(18): 80-86.

李勉, 杨二, 李平, 等, 2017b. 淤地坝赋存信息在流域侵蚀产沙研究中的应用[J]. 水土保持研究, 24(3): 357-362.

李勉, 杨二, 李平, 等, 2017c. 黄土丘陵区小流域淤地坝泥沙沉积特征[J]. 农业工程学报, 33(3): 161-167.

李勉, 杨二, 李平, 等, 2018. 淤地坝坝系泥沙粒径组成与变化特征研究[J]. 应用基础与工程科学学报, 26(4): 746-756.

李勉, 杨剑锋, 侯建才, 2006. 王茂沟淤地坝坝系建设的生态环境效益分析[J]. 水土保持研究, 13(5): 145-147.

李勉, 杨剑锋, 侯建才, 等, 2008. 黄土丘陵区小流域淤地坝记录的泥沙沉积过程研究[J]. 农业工程学报, 24(2): 64-69.

李勉, 姚文艺, 史学建, 2005. 淤地坝拦沙减蚀作用与泥沙沉积特征研究[J]. 水土保持研究, 12(5): 107-111.

李敏, 2014. 水土保持对黄河输沙量的影响[J]. 中国水土保持科学, 12(6): 23-29.

李锐, 杨文治, 李壁成, 等, 2008. 中国黄土高原研究与展望[M]. 北京: 科学出版社.

李耀军, 2015. 黄土高原土壤侵蚀时空变化及其对气候变化的响应[D]. 兰州: 兰州大学.

李耀军, 魏霞, 李勋贵, 等, 2016. 淤地坝坝控流域土地利用类型空间优化配置研究[J]. 兰州大学学报(自然科学版), 52(3): 307-312.

刘宝元, 刘晓燕, 杨勤科, 等, 2017. 黄土高原小流域水土流失综合治理抗暴雨能力考察报告[J]. 水土保持通报, 37(4): 349-350.

刘国彬, 上官周平, 姚文艺, 等, 2017. 黄土高原生态工程的生态成效[J]. 中国科学院院刊, 32(1): 11-19.

刘汉喜, 田永宏, 程益民, 1995. 绥德王茂沟流域淤地坝调查及坝系相对稳定规划[J]. 中国水土保持, 16(12): 16-19.

刘晓燕, 2020. 关于黄河水沙形势及对策的思考[J]. 人民黄河, 42(9): 34-40.

龙翼, 张信宝, 李敏, 等, 2008. 陕北子洲黄土丘陵区古聚湫洪水沉积层的确定及其产沙模数的研究[J]. 科学通报, 53(24): 3908-3913.

马勇勇, 2019. 王茂沟流域生态建设对水沙连通性的影响研究[D]. 西安: 西安理工大学.

穆兴民, 赵广举, 高鹏, 等, 2019. 黄土高原水沙变化新格局[M]. 北京: 科学出版社.

彭珂珊, 2013. 黄土高原地区水土流失特点和治理阶段及其思路研究[J]. 首都师范大学学报(自然科学版), 34(5): 82-90.

上官周平, 2006. 黄土高原地区水土保持与生态建设的若干思考[J]. 中国水土保持科学, 4(1): 1-4.

水利部, 中国科学院, 中国工程院, 2010. 中国水土流失防治与生态安全: 西北黄土高原区卷[M]. 北京: 科学出版社.

水利部黄河水利委员会, 2013. 黄河流域综合规划: 2012—2030 年[M]. 郑州: 黄河水利出版社.

唐克丽, 2004. 中国水土保持[M]. 北京: 科学出版社.

王楠, 陈一先, 白需超, 等, 2017. 陕北子洲县"7·26"特大暴雨引发的小流域土壤侵蚀调查[J]. 水土保持通报,

37(4): 338-344.

魏宁, 边宽江, 徐钊, 2008. 系统周界的观控模型在淤地坝坝控流域侵蚀研究中的应用[J]. 数学的实践与认识, 38(4): 78-85.

魏霞, 2005. 淤地坝淤积信息与流域降雨产流产沙关系研究[D]. 西安: 西安理工大学.

魏霞, 李勋贵, 李耀军, 2015. 典型淤地坝坝控流域水土保持措施的合理性分析[J]. 水土保持通报, 35(3): 12-17.

魏霞, 李占斌, 李鹏, 等, 2006a. 黄土高原典型淤地坝淤积机理研究[J]. 水土保持通报, 26(6): 10-13.

魏霞, 李占斌, 沈冰, 等, 2006b. 陕北子洲县典型淤地坝淤积过程和降雨关系的研究[J]. 农业工程学报, 22(9): 80-84.

杨力华, 庞国伟, 杨勤科, 等, 2020. 近 50 年来王茂沟流域侵蚀沟变化及其影响因素[J]. 水土保持学报, 34(2): 64-70.

杨秀英, 金孝华, 慕振莲, 等, 2003. 子洲县小河沟流域坝系调查浅析[J]. 山西水土保持科技, (4): 24-27.

姚文艺, 冉大川, 陈江南, 2013. 黄河流域近期水沙变化及其趋势预测[J]. 水科学进展, 24(5): 607-616.

张金慧, 1993. 王茂沟综合防治体系建设试验研究[J]. 人民黄河, 15(9): 20-23.

张玮, 2015. 利用近 40 年来坝地沉积旋回研究黄土丘陵区小流域侵蚀变化特征[D]. 杨陵: 西北农林科技大学.

赵恬茵, 王志兵, 吴媛媛, 等, 2020. 淤地坝沉积泥沙解译小流域土壤侵蚀信息研究进展[J]. 水土保持研究, 27(4): 400-404.

钟少华, 2020. 王茂沟流域淤地坝防洪风险评价与除险方法研究[D]. 西安: 西安理工大学.

邹兵华, 郭喜峰, 魏霞, 等, 2008. 黄土高原淤地坝增长小流域农村经济的潜力及途经研究[J]. 水资源与水工程学报, 19(2): 44-47.

CHEN Y, WANG K, LIU Y, et al., 2015. Balancing green and grain trade[J]. Nature Geoscience, 8(10), 739-741.

FENG X, FU B, PIAO S, et al., 2016. Revegetation in China's Loess Plateau is approaching sustainable water resource limits[J]. Nature Climate Change, 6(11): 1019-1022.

FU B, LIU Y, LU Y, 2011. Assessing the soil erosion control service of ecosystems change in the Loess Plateau of China[J]. Ecological Complexity, 8(4): 284-293.

FU B, WANG S, LIU Y, et al., 2017. Hydrogeomorphic ecosystem responses to natural and anthropogenic changes in the Loess Plateau of China[J]. Annual Review of Earth and Planetary Sciences, 45(1): 223-243.

GAO H, LI Z, JIA L, et al., 2016. Capacity of soil loss control in the Loess Plateau based on soil erosion control degree [J]. Journal of Geographical Sciences, 26(4): 457-472.

LI X G, WEI X, WEI N, 2016. Correlating check dam sedimentation and rainstorm characteristics on the Loess Plateau, China[J]. Geomorphology, 265: 84-97.

SHI H, SHAO M, 2000. Soil and water loss from the Loess Plateau in China[J]. Journal of Arid Environments, 45(1): 9-20.

WANG S, FU B, PIAO S, et al., 2015. Reduced sediment transport in the Yellow River due to anthropogenic changes[J]. Nature Geoscience, 9(1): 38-41.

WANG Y, CHEN L, FU B, et al., 2014. Check dam sediments: An important indicator of the effects of environmental changes on soil erosion in the Loess Plateau in China[J]. Environmental Monitoring and Assessment, 186(7): 4275-4287.

WEI X, LI X, WEI N, 2016. Fractal features of soil particle size distribution in layered sediments behind two check dams: Implications for the Loess Plateau, China[J]. Geomorphology, 266: 133-145.

YUE X, MU X, ZHAO G, et al., 2014. Dynamic changes of sediment load in the middle reaches of the Yellow River

Basin, China and implications for eco-restoration[J]. Ecological Engineering, 73: 64-72.

ZHAO G, KLIK A, MU X, et al., 2015. Sediment yield estimation in a small watershed on the northern Loess Plateau, China[J]. Geomorphology, 241: 343-352.

ZHAO Y, CAO W, HU C, et al., 2019. Analysis of changes in characteristics of flood and sediment yield in typical basins of the Yellow River under extreme rainfall events[J]. Catena, 177: 31-40.

ZHENG H, MIAO C, WU J, et al., 2019. Temporal and spatial variations in water discharge and sediment load on the Loess Plateau, China: A high-density study[J]. The Science of the Total Environment, 666: 875-886.

ZHU T, 2012. Gully and tunnel erosion in the hilly Loess Plateau region, China[J]. Geomorphology, 153-154: 144-155.

第3章 典型淤地坝选取与分层淤积信息提取

3.1 典型淤地坝选取原则

淤地坝作为小流域综合治理过程中控制径流泥沙的最后一道防线，小流域地表物质运移的"汇"，其淤积物连续地、高分辨率地记录了流域自然变化和人为活动引起的土壤侵蚀环境变化信息(赵恬茵等，2020；张风宝等，2018；Li et al.，2016，2011；Wei et al.，2016；张玮，2015；魏霞等，2015；弥智娟，2014；薛凯等，2011；李勉等，2017，2008；侯建才，2007；侯建才等，2007；魏霞，2005)。为了消除上方来水来沙条件的复杂性及淤地坝排洪作用导致的淤积信息资料不一致，要求所选淤地坝必须是典型淤地坝，即所选淤地坝应同时满足以下三个条件(Wei et al.，2016；Li et al.，2016；魏霞等，2007a，2007b，2006a，2006c；魏霞，2005)：①所选的淤地坝为沟道沟头处没有任何排洪设施的"闷葫芦"坝，以保证淤地坝坝地淤积泥沙量来源于其坝控面积上不同土地利用类型的表层土壤及更深层的土壤。②所选淤地坝必须具有一定的淤积厚度或者淤积层数，即要有一定的淤积年限，不宜是新建淤地坝。否则，淤积年限太短，坝地淤积厚度较小，淤积层数较少，在后续统计分析时会因为样本容量不足，降低研究结果的代表性和典型性。③所选淤地坝最好为已经水毁的淤地坝。黄土高原地区的淤地坝大都经过长时间的淤积，淤积厚度大，淤积层数多，剖面挖取工作量大。因此，为了减少工作量，在满足前两个条件的同时，尽量选取水毁淤地坝。

本章通过对陕北黄土高原地区的淤地坝进行全面调查，依据以上典型淤地坝选取的三个条件，分别在陕北子洲县小河沟流域选取两座典型淤地坝(石畔峁坝和花梁坝)、陕北绥德县王茂沟流域选取两座典型淤地坝(关地沟3号坝和关地沟4号坝)和陕北靖边县红河则流域选取一座典型淤地坝(张山坝)进行深入分析研究。野外调研考察过程中拍摄到的典型淤地坝水毁冲垮的坝地断面如图3.1所示，由冲毁断面可知，淤地坝坝地淤积分层现象十分明显。

(a) 石畔峁坝

(b) 张山坝

(c) 花梁坝

(d) 关地沟3号坝

(e) 关地沟4号坝

图 3.1　陕北黄土高原典型淤地坝水毁冲垮的坝地断面图

3.2　典型淤地坝淤积层划分与分层淤积土样采集

3.2.1　典型淤地坝淤积层划分标准

由上述典型淤地坝选取的三个条件可知，典型淤地坝坝地淤积物全部来自坝控流域内坡耕地、牧荒坡及沟谷陡崖等地的表层土壤，因暴雨冲刷，地表径流夹带大量泥沙顺坡流下，被拦蓄汇聚在坝前，形成坝地淤积物。根据泥沙的沉积旋回理论可知，在一场暴雨径流产生泥沙的过程中，粗颗粒泥沙先淤积，细颗粒泥沙后淤积，以此来判别区分暴雨场次对应的淤积泥沙层。已有研究表明(Wei et al., 2016; Li et al., 2016; 魏霞等, 2007a, 2007b, 2006a, 2006c; 魏霞, 2005; 黄河水利委员会绥德水土保持科学试验站, 1985)，土壤颗粒在淤积过程中由粗至细逐级沉降落淤，形成坝地淤积物，一般第一层为沙层(多见于坝地两侧或上游)，第二层为黄土层，第三层为灰棕色的胶泥层(由含有机物的黄土和胶土混合而成)，第四层为红色胶土层，第五层为富含有机质的淤积物薄层。然而，并不是每场暴雨洪水都能够规律地形成这样完整的五层。每场暴雨洪水形成坝地淤积物的质地、层次数目及淤积层的厚度，主要受次暴雨类型、暴雨强度、降雨量、流域地形地貌、坡面覆盖物、土壤质地、治理程度等因素影响。

此外，水是泥沙的载体，泥沙借助于降雨径流由上游向下游输移，因此径流量和径流强度直接影响着泥沙颗粒的运行落淤和淤积层的分布情况。研究表明(黄河水利委员会绥德水土保持科学试验站，1985)，当径流量和径流强度均较小时，泥沙多逐级落淤在坝地上游，或者有少部分胶土落淤在坝地上游；当径流量小而径流强度大时，大部分黄土或少部分胶土落淤在坝地上游，大部分胶土和部分黄土落淤在坝地中游；当径流量和径流强度均较大时，部分黄土或沙土落淤在坝地上游，部分黄土和少部分胶土落淤在坝地中游，大部分胶土和部分黄土落淤在坝地下游；当径流量大而径流强度小时，大部分胶土和少部分黄土落淤在坝地下游，大部分黄土和少部分胶土落淤在坝地中游，部分黄土或沙土落淤在坝地上游。由于每年每场侵蚀性降雨径流量和径流强度的不同变化，形成了坝地土壤质地及其层次分布的差异，一般下游土壤中胶土含量多于上中游，黄土含量小于上中游；中游土壤中胶土含量多于上游，黄土含量少于上游；坝地两侧土壤中胶土含量少于坝地中部，黄土、沙土含量多于坝地中部。

本书选取的典型淤地坝冲毁剖面都紧邻淤地坝坝体，属于坝地下游，根据上述分析可知，落淤在坝地下游的淤积物主要以黄土、胶土、沙土为主。在一场暴雨洪水形成的淤积物中有泥也有沙，因此，在挖取剖面分层量取淤积厚度及提取土样时，应该把相邻的泥层和沙层划分为同一淤积层，并且每一淤积层应该遵循泥层在上、沙层在下的原则。对于只有一个泥层，而有两个或者好几个沙层的剖面，沙层和沙层之间可以通过淤积泥沙的颜色和纹理来区分。这是因为发生两场或者多场相邻的暴雨时，前一场暴雨还未完全形成淤积物，淤积物表面还未形成固结的细颗粒泥层，坝控流域各种土地利用状况表面上的侵蚀创面尚未得到修复，接着发生了一场新的暴雨。在前次降雨的基础上，由于土壤湿度较大，更容易产生侵蚀，且侵蚀量较大，相应的淤积沙量也较大，但恰好缺失细颗粒的泥层，只有粗颗粒的沙层。因此，在这种情况下，将泥层和紧邻泥层的这一沙层认为是同一场侵蚀性降雨引起的，将另外一个沙层看作是另一场暴雨所产生的。

3.2.2　典型淤地坝坝地分层淤积土样采集

将典型淤地坝的坝地淤积物沿着冲毁断面进行平整,按照 3.2.1 小节中坝地淤积层的划分标准划分典型淤地坝坝地,将每一旋回淤积层修理平整,量取每个淤积层的厚度。同时,用直尺或者卷尺垂直由上而下按一定宽度划两条取样边界线,用取土铲采集扰动土土样，逐一用布袋存贮并标号和记录。在采样时，考虑到泥沙淤积的先后顺序以及每个淤积层由上至下泥沙粒径有所不同，取样时在每个淤积层上用取土铲从上至下按照一定宽度均匀采集土样，要使同一淤积层不同淤积厚度范围内的土样均被采集到。根据淤积厚度的大小，确定每个淤积层土样的采集量，用直径和深度均为 5cm 的环刀采集每一个淤积层的原状土壤样品。典型淤地坝取样现场如图 3.2 所示。

(a) 石畔峁坝

(b) 花梁坝

(c) 张山坝

(d) 关地沟3号坝

(e) 关地沟4号坝

图 3.2　典型淤地坝现场取样图

3.3　典型淤地坝坝地分层淤积信息提取与分布特征

3.3.1　典型淤地坝坝地分层淤积信息提取

1. 典型淤地坝坝地分层淤积物干容重测定

坝地淤积物的干容重是反映淤积泥沙特性的一个非常重要的物理指标，各种与泥沙淤积量相关的计算都需要通过该指标进行质量与体积的转换(常晓辉等，2015；魏霞等，2006b；秦向阳等，2005；张耀哲等，2004；韩其为，1997)，因此干容重取值是否准确直接影响计算结果的精度。然而，影响坝地淤积物干容重的因素十分复杂。研究表明，淤积物干容重与其负重、粒径级配、淤积时间、埋置深度、堆放环境、渗透率等因素有关，水库淤积物干容重的变化范围很大，一般为 $0.5 \sim 2.1 t/m^3$(朱帅，2017；魏霞等，2006b；师长兴等，2003)。而且大多数水库在未达到冲淤平衡时，库区均处于壅水输沙流态，并呈现出典型的非饱和输沙运动特征，淤积物沿程分选并细化的现象较为普遍。实测资料表明，不论淤积形态与来水来沙方式如何，淤积物的平均干容重沿程(自上游至下游)均呈减小趋势，但其横向分布比较均匀(张娜等，2006；程龙渊等，1993)。目前，在淤地坝减沙效益计算中，坝地淤积物的干容重一般取 $1.35 g/cm^3$(付凌，2007；冉大川，2006；冉大川等，2004；焦菊英等，2003，2001；王万忠等，2002)。当以该值为中间转换参数求解淤地坝减沙效益时，可以使计算过程大大简化。但在进行淤地坝淤积过程特征机理研究时发现，以该值作为坝地分层淤积泥沙量的转换参数会对淤积过程机理的研究产生重要影响，甚至会导致研究结果错误(魏霞等，2006b)。因此，有必要对典型淤地坝坝地分层淤积物的干容重进行测定分析，对坝地淤积物干容重的分布规律进行研究，并以此作为坝地分层泥沙淤积量求解的中间转换参数。

土壤干容重的测定方法很多，通常可以分为直接法和间接法。环刀法是目前测定土壤干容重最普遍、最经典、最实用的一种直接测定方法，操作简便，结果准确，适用于测定颗粒较小的土壤干容重。本书采用环刀法测定土壤干容重，其测定原理、使用仪器和具体操作步骤如下。

(1) 测定原理：用一定容积的环刀切割原状土样，使土样填满环刀，烘干后称量并计算单位容积的烘干土质量。

(2) 使用仪器：环刀、环刀托、电子天平、烘箱、削刀、小铲、铝盒等。

(3) 具体操作步骤：

① 用削刀修平土壤剖面，并记录剖面的形态特征，按剖面层次分层采样，每

层重复 3 次。

② 将环刀托放在已知质量的环刀上,环刀刃口向下垂直压入土中,直至环刀中填满样品为止。若土层坚实,可用手锤缓慢并平稳地敲打,用力一致。

③ 用削刀切开环刀周围的土壤,取出装有样品的环刀,细心削去环刀两端多余土壤,并擦净外表面。

④ 立即在装有样品的环刀两端加盖,以免水分蒸发,随即称重并记录。

⑤ 将装有样品的环刀运回实验室,用烘箱烘干称重。

土壤干容重的计算公式如式(3.1)所示:

$$\gamma = \frac{W_{\mp}}{V} \times 100\% \tag{3.1}$$

式中,γ 为土壤干容重,g/cm³;V 为环刀容积,cm³;$W_{\mp}$ 为样品干土质量,g。

本书中所用的环刀直径和深度均为 5cm,环刀容积为 98.17cm³。

2. 典型淤地坝坝地分层淤积物土壤颗粒大小分布的测定

土壤颗粒大小分布及其特征是重要的土壤物理指标之一,可反映土壤风化成土与土壤退化过程及土壤侵蚀程度,它与土壤水分、土壤肥力、土壤结构特征、土壤抗侵蚀性等密切相关(茹豪等,2015;赵明月等,2015)。不同测定原理和测定方法下测得的结果存在显著差异。土壤颗粒大小分布的测定方法有离心法、筛分法、相对密度计法、湿筛-吸管法,此外还有激光衍射法、扫描电镜法等。离心法操作步骤简单,测定时间短,重现性较好,但很多因素会影响到测定的精度,对于颗粒较细的土样精度要求较高。筛分法是最早、最简单且普遍应用的一种方法,筛分时需要的样品量较多,以减少随机误差。激光衍射法是一项常用的颗粒分析方法,主要根据激光衍射测定物质的粒径,操作简单,样品量小,速度快且重复性好。湿筛-吸管法被认为是测定土壤颗粒大小分布的标准方法,土壤颗粒当量粒径的定义也来自该方法(张富元等,2011;杨艳芳等,2008;Beuselinck et al.,1998),但这种方法操作步骤烦琐,耗工费时,测定精度依赖实验室条件和操作熟练水平。20 世纪 90 年代以前,土壤颗粒大小分布的测定普遍采用湿筛-沉降法,而沉降法中最普遍、最经典的是吸管法,其测定过程完全依靠人工操作。湿筛-沉降法通过土壤颗粒相对密度计算得出一定粒径的土壤颗粒沉降至某深度所需要的时间,再吸取样品烘干称重。该方法主要是以斯托克斯(Stokes)定律为基础,对土壤颗粒大小分布进行测定(苗涵博,2020;杨金玲等,2009)。

本书采用筛分法、相对密度计法和湿筛-吸管法相结合的方法测定土壤颗粒大小分布,其测定原理、仪器与试剂、实验步骤如下。

1) 测定原理

对于粒径>0.25mm 的砂粒,一般采用过筛的方法,将它们逐级分离开来。对于粒径<0.25mm 的土壤颗粒，则用分散剂将其充分分散，再使分散的土壤颗粒在一定容积的悬浮液中自由沉降，一般颗粒越大，沉降速度越快，颗粒越小，沉降速度越慢。根据斯托克斯定律可知，不同粒径的土壤颗粒在重力作用下，其下降速度与粒径的平方成反比，与分散介质的黏滞系数成反比，以此来确定粒径。

2) 仪器与试剂

(1) 仪器：1000mL 沉降量筒、搅拌棒、甲种相对密度计、土模筛、冲洗筛、带橡皮头的玻璃棒、小漏斗、蒸发皿、500mL 三角瓶、温度计、洗瓶。

(2) 试剂：0.5mol/L 六偏磷酸钠溶液。

3) 实验步骤

(1) 称取过 2mm 筛孔的风干土样 50g，置于 500mL 三角瓶中，加蒸馏水浸湿土样。

(2) 另称 10g 风干土样置于铝盒中，在 105℃烘箱中烘干至恒重，计算吸湿水含量。

(3) 煮沸 60mL 0.5mol/L 六偏磷酸钠溶液，进行物理分散处理后将其加入盛有50g 土样的 500mL 三角瓶中，加入蒸馏水，使三角瓶内的液体体积约为 250mL。盖上小漏斗，摇匀后放置 40min，并经常摇动三角瓶，放在电热板上加热煮沸，制成悬浮液。在未煮沸前应不断摇动，以防土壤颗粒沉积在瓶底结块或烧焦，煮沸后持续沸腾 40min。

(4) 筛分砂粒制备。将分散好的样品转移到 1000mL 沉降量筒中，在沉降量筒上置一直径 7～9cm 的漏斗，漏斗上放一筛孔直径为 0.25mm 的铜筛，待煮沸的悬浮液冷却后过筛，用洗瓶洗出三角瓶中的土壤颗粒。用带橡皮头的玻璃棒轻轻擦洗筛上残留的砂粒，同时用蒸馏水冲洗，使粒径<0.25mm 的土壤颗粒全部洗入沉降量筒，直到筛下漏出清水为止。

(5) 筛上砂粒处理。将筛上粒径>0.25mm 的砂粒全部移到蒸发皿中，烘干称重，计算其质量分数。

(6) 制定悬浮液相对密度。将沉降量筒置于实验台上，用温度计测量悬浮液的温度。搅拌悬浮液 1min。记录开始时间，测时提前 10～15s，将相对密度计轻轻放入悬浮液中，到选定时间立即进行读数。读数经校正计算后，即代表粒径小于所选定数值的颗粒累积含量。按照上述步骤，分别得到粒径<0.05mm、<0.01mm、<0.005mm、<0.002mm 等各级土壤粒径的相对密度计读数。

土壤颗粒的相对密度按照式(3.2)计算：

$$G_s = \frac{10}{10-(m_2-m_1)} \tag{3.2}$$

式中，m_1 为加满蒸馏水的相对密度瓶质量，g；m_2 为冷却后加满蒸馏水的相对密度瓶质量，g。

按照斯托克斯公式：

$$d = \sqrt{\frac{1800L\eta}{(G_s - G_w t)\rho g t}} \qquad (3.3)$$

式中，d 为粒径，mm；ρ 为水的密度，g/cm³；η 为水的动力黏滞系数，10^{-3}Pa·s；G_s 为土壤颗粒相对密度；G_w 为温度为 T 时水的相对密度；L 为某一时间 t 内的沉降距离，cm；g 为重力加速度，981cm/s²；t 为沉降时间，s。用变形后的式(3.3)计算沉降时间：

$$t = \sqrt{\frac{1800L\eta}{(G_s - G_w t)\rho g d^2}} \qquad (3.4)$$

按式(3.5)计算土样中小于某粒径的土壤颗粒质量分数：

$$X = \frac{m_s' V_z}{V_1 m_s} \qquad (3.5)$$

式中，V_z 为悬浮液总体积，mL；V_1 为吸管吸出的悬浮液体积，mL；m_s' 为吸出悬浮液中土壤颗粒的质量，g；m_s 为试样干土质量，g。

3.3.2　典型淤地坝坝地分层淤积信息分布特征

1. 典型淤地坝坝地分层淤积物干容重分布特征

本书选取的五座典型淤地坝中，红河则流域的张山坝和王茂沟流域的关地沟 3 号坝、关地沟 4 号坝均属于中型坝，坝高均超过 10m。因为张山坝、关地沟 3 号坝和关地沟 4 号坝在采集土样时比较危险，所以坝地分层淤积物未能取到底层。张山坝坝地累积取样深度为 7.89m，关地沟 3 号坝坝地累积取样深度为 5.13m，关地沟 4 号坝的累积取样深度为 6.46m。小河沟流域的石畔峁坝属于小型坝，坝高不足 10m，取样时尽量挖到底，累积取样深度为 6.28m。花梁坝地淤积物总厚度为 15.18m，由于不存在危险，取样时挖到底，累积取样深度为 15.18m。

张山坝位于陕北靖边县的红河则流域，于 1974 年前后建成，在 1989 年的一场大暴雨中被垮坝，累积取样深度为 7.89m，总淤积层数为 17 层(未挖到坝底)。干容重测定结果表明，张山坝坝地分层淤积物的平均干容重 1.327g/cm³，淤积层的干容重变化范围为 1.200～1.408g/cm³。张山坝坝地分层淤积物干容重测定结果见表 3.1。

表 3.1　张山坝坝地分层淤积物干容重测定结果

层数	每层厚度/m	累积厚度/m	干容重/(g/cm³)	层数	每层厚度/m	累积厚度/m	干容重/(g/cm³)
1	0.80	0.80	1.343	10	0.14	3.75	1.322
2	0.18	0.98	1.252	11	0.08	3.83	1.265
3	0.08	1.06	1.388	12	0.69	4.52	1.375
4	0.85	1.91	1.307	13	0.30	4.82	1.276
5	0.26	2.17	1.363	14	0.80	5.62	1.408
6	0.06	2.23	1.352	15	0.67	6.29	1.354
7	0.19	2.42	1.327	16	0.30	6.59	1.336
8	0.28	2.70	1.200	17	1.30	7.89	1.317
9	0.91	3.61	1.374				

注：表中的淤积层层数编号顺序为由上至下。

石畔峁坝位于陕北子洲县的小河沟流域，于 1972 年建成，在 1980 年的一场大暴雨中被冲垮，坝地累积取样深度为 6.28m，总淤积层数为 22 层(挖到坝底)。干容重测定结果表明，石畔峁坝坝地分层淤积物的平均干容重为 1.380g/cm³，淤积层的干容重变化范围为 1.263～1.668g/cm³，其坝地分层淤积物干容重测定结果见表 3.2。

表 3.2　石畔峁坝坝地分层淤积物干容重测定结果

层数	每层厚度/m	累积厚度/m	干容重/(g/cm³)	层数	每层厚度/m	累积厚度/m	干容重/(g/cm³)
1	0.68	0.68	1.341	12	0.12	4.06	1.338
2	0.11	0.79	1.403	13	0.03	4.09	1.306
3	0.24	1.03	1.480	14	0.07	4.16	1.426
4	0.25	1.28	1.371	15	0.06	4.22	1.342
5	0.63	1.91	1.287	16	0.06	4.28	1.328
6	0.67	2.58	1.263	17	0.10	4.38	1.668
7	0.14	2.72	1.459	18	0.52	4.90	1.270
8	0.23	2.95	1.385	19	0.22	5.12	1.397
9	0.14	3.09	1.355	20	0.13	5.25	1.429
10	0.40	3.49	1.339	21	0.82	6.07	1.363
11	0.45	3.94	1.325	22	0.21	6.28	1.474

注：表中的淤积层层数编号顺序为由上至下。

花梁坝位于陕北子洲县小河沟流域，于 1973 年前后建成，在 1995 年前后的一场大暴雨中被冲垮，坝地累积取样深度为 15.18m，总淤积层为 58 层(挖到坝底)。干容重测定结果表明，花梁坝坝地分层淤积物的平均干容重为 1.366g/cm³，淤积层的干容重变化范围为 1.186~1.791g/cm³，其坝地分层淤积物干容重测定结果见表 3.3。

表 3.3   花梁坝坝地分层淤积物干容重实测结果

层数	每层厚度/m	累积厚度/m	干容重/(g/cm³)	层数	每层厚度/m	累积厚度/m	干容重/(g/cm³)
1	0.90	0.90	1.217	30	0.32	7.82	1.323
2	0.33	1.23	1.243	31	0.36	8.18	1.337
3	0.19	1.42	1.234	32	0.22	8.4	1.281
4	0.16	1.58	1.292	33	0.3	8.7	1.419
5	0.22	1.80	1.186	34	1.45	10.15	1.215
6	0.80	2.60	1.328	35	0.14	10.29	1.261
7	0.13	2.73	1.247	36	0.56	10.85	1.241
8	0.08	2.81	1.341	37	0.13	10.98	1.201
9	0.24	3.05	1.247	38	0.18	11.16	1.534
10	0.11	3.16	1.201	39	0.03	11.19	1.237
11	0.14	3.30	1.246	40	0.12	11.31	1.562
12	0.52	3.82	1.288	41	0.13	11.44	1.275
13	0.24	4.06	1.230	42	0.07	11.51	1.299
14	0.16	4.22	1.206	43	0.08	11.59	1.791
15	0.52	4.74	1.281	44	0.15	11.74	1.222
16	0.14	4.88	1.241	45	—	—	—
17	0.36	5.24	1.288	46	0.19	11.93	1.580
18	0.10	5.34	1.262	47	0.15	12.08	1.272
19	0.42	5.76	1.270	48	0.09	12.17	1.728
20	0.24	6.00	1.325	49	0.16	12.33	1.440
21	0.19	6.19	1.248	50	0.39	12.72	1.320
22	0.10	6.29	1.351	51	0.21	12.93	1.578
23	0.16	6.45	1.350	52	0.88	13.81	1.382
24	0.05	6.50	1.264	53	0.08	13.89	1.599
25	0.10	6.60	1.678	54	0.10	13.99	1.761
26	0.17	6.77	1.363	55	0.86	14.85	1.495
27	0.60	7.37	1.337	56	0.07	14.92	1.738
28	0.06	7.43	1.342	57	0.16	15.08	1.735
29	0.07	7.50	1.265	58	0.10	15.18	1.657

注：表中的淤积层层数编号顺序为由上至下，总共有淤积层 58 层，丢了从下向上第 14 层土样，计算沙量时该层的干容重取 1.350g/cm³。

关地沟 3 号坝位于陕北绥德县王茂沟流域，于 1959 年建成，在 1987 年的一场大暴雨中被冲垮，坝地累积取样深度为 5.13m，总淤积层数为 31 层(未挖到坝底)。实验表明，关地沟 3 号坝坝地分层淤积物的平均干容重为 1.298g/cm³，淤积层的干容重变化范围为 1.186~1.791g/cm³，其坝地分层淤积物干容重测定结果见表 3.4。

表 3.4　关地沟 3 号坝坝地分层淤积物干容重测定结果

层数	每层厚度/m	累积厚度/m	干容重/(g/cm³)	层数	每层厚度/m	累积厚度/m	干容重/(g/cm³)
1	0.03	0.03	1.234	17	0.02	1.12	1.241
2	0.03	0.06	1.292	18	0.07	1.19	1.201
3	0.04	0.10	1.186	19	0.04	1.23	1.534
4	0.04	0.14	1.230	20	0.02	1.25	1.237
5	0.03	0.17	1.206	21	0.24	1.49	1.562
6	0.04	0.21	1.281	22	0.49	1.98	1.275
7	0.17	0.38	1.241	23	0.74	2.72	1.299
8	0.29	0.67	1.288	24	0.05	2.77	1.791
9	0.15	0.82	1.262	25	0.62	3.39	1.222
10	0.12	0.94	1.270	26	0.05	3.44	1.247
11	0.04	0.98	1.325	27	0.54	3.98	1.341
12	0.03	1.01	1.248	28	0.23	4.21	1.247
13	0.03	1.04	1.351	29	0.28	4.49	1.201
14	0.01	1.05	1.419	30	0.22	4.71	1.246
15	0.02	1.07	1.215	31	0.42	5.13	1.288
16	0.03	1.10	1.261				

注：表中的淤积层层数编号顺序为由上至下。

关地沟 4 号坝位于陕北绥德县的王茂沟流域，于 1959 年建成，1987 年垮坝，坝地累积取样深度为 6.46m，总淤积层数为 32 层(未挖到坝底)，其坝地分层淤积物干容重测定结果见表 3.5。由表 3.5 可知，关地沟 4 号坝坝地分层淤积物的平均干容重为 1.357g/cm³，淤积层的干容重变化范围为 1.253~1.441g/cm³。

表 3.5　关地沟 4 号坝坝地分层淤积物干容重测定结果

层数	每层厚度/m	累积厚度/m	干容重/(g/cm³)	层数	每层厚度/m	累积厚度/m	干容重/(g/cm³)
1	0.02	0.02	1.342	6	0.04	0.22	1.389
2	0.04	0.06	1.253	7	0.03	0.25	1.357
3	0.04	0.10	1.387	8	0.27	0.52	1.323
4	0.03	0.13	1.371	9	0.32	0.84	1.271
5	0.05	0.18	1.353	10	0.20	1.04	1.322

层数	每层厚度/m	累积厚度/m	干容重/(g/cm³)	层数	每层厚度/m	累积厚度/m	干容重/(g/cm³)
11	0.10	1.14	1.265	22	0.24	1.78	1.358
12	0.04	1.18	1.374	23	0.45	2.23	1.378
13	0.04	1.22	1.275	24	0.82	3.05	1.299
14	0.04	1.26	1.407	25	0.08	3.13	1.418
15	0.02	1.28	1.353	26	0.55	3.68	1.380
16	0.03	1.31	1.334	27	0.05	3.73	1.417
17	0.03	1.34	1.316	28	0.38	4.11	1.441
18	0.02	1.36	1.355	29	0.23	4.34	1.375
19	0.09	1.45	1.410	30	0.25	4.59	1.353
20	0.06	1.51	1.354	31	0.22	4.81	1.377
21	0.03	1.54	1.398	32	1.65	6.46	1.413

注：表中的淤积层层数编号顺序为由上至下。

比较张山坝、石畔峁坝、花梁坝、关地沟 3 号坝和关地沟 4 号坝的干容重测定结果可知，五座典型淤地坝的干容重变化范围分别为 1.200～1.408g/cm³、1.263～1.668g/cm³、1.186～1.791g/cm³、1.186～1.791g/cm³ 和 1.253～1.441g/cm³，干容重的平均值分别为 1.327g/cm³、1.380g/cm³、1.366g/cm³、1.298g/cm³ 和 1.357g/cm³。其平均值与目前干容重在淤地坝减沙效益计算中的取值 (1.350g/cm³)接近，因此，在计算淤地坝减沙效益时，干容重采用固定值 1.350g/cm³，计算结果在精度范围之内，同时可以使计算过程大大简化。计算结果在一定程度上验证了已有淤地坝减沙效益计算过程中，中间转换参数干容重经验值的合理性。

为了进一步分析典型淤地坝坝地分层淤积物干容重沿淤积厚度增大方向的变化特征，绘制了五座典型淤地坝坝地分层淤积物的干容重与累积淤积厚度的关系图，分别见图 3.3(a)～图 3.3(e)。由图 3.3 可知，五座典型淤地坝坝地分层淤积物干容重拟合曲线均为递增的线性曲线。由显著性分析可得，张山坝、石畔峁坝、关地沟 3 号坝和关地沟 4 号坝坝地分层淤积物的干容重随累积淤积厚度的递增变化不显著，但花梁坝坝地分层淤积物的干容重随累积淤积厚度的递增关系显著(P<0.05)。因此，花梁坝坝地分层淤积物的干容重随累积淤积厚度的增加呈增大趋势。这可能是由于其他四座典型淤地坝的累积淤积厚度较小，淤积程度相当。例如，典型淤地坝张山坝、石畔峁坝、关地沟 3 号坝和关地沟 4 号坝对应的坝地淤积物层数分别为 17 层、22 层、31 层和 32 层，四座典型淤地

坝对应的累积淤积厚度分别为 7.89m、6.28m、5.13m 和 6.46m，且坝地分层淤积物的平均干容重比较接近，变化规律相似。然而，花梁坝的坝地淤积层多达 58 层，累积淤积厚度达 15.18m，底部的淤积层受上部淤积层的影响更加明显。因此，越靠近淤地坝坝地底部，受上部淤积层的影响越大，淤积层的干容重就越大。对于花梁坝，随着累积淤积厚度的增加，坝地分层淤积物的干容重呈显著递增的趋势。

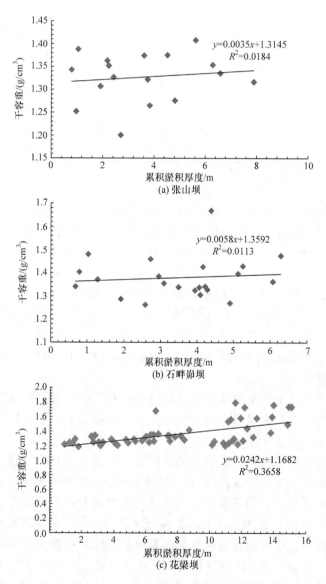

(a) 张山坝

(b) 石畔峁坝

(c) 花梁坝

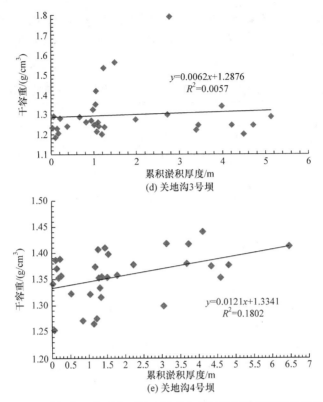

图 3.3　陕北黄土高原典型淤地坝干容重随累积淤积厚度的变化

2. 典型淤地坝坝地分层淤积物颗粒级配分布特征

陕北靖边县红河则流域张山坝坝地分层淤积物的采样层数共 17 层,张山坝坝地分层淤积物小于某粒径的土壤颗粒质量分数见表 3.6,张山坝坝地分层淤积物颗粒级配曲线见图 3.4(在 17 层淤积层中随机抽取 5 层进行分析),张山坝坝地分层淤积物土壤颗粒级配曲线特征见表 3.7。由表 3.6 可知,张山坝坝地分层淤积物中绝大多数淤积层的淤积物土壤颗粒粒径主要分布在 0.025~0.1mm,1~2mm 的大粒径颗粒几乎没有。张山坝的粒径分布中,粒径大于 0.5mm 的土壤颗粒质量分数也很小, 17 个淤积层中有 14 个淤积层包含这一粒径范围的土壤颗粒,且这一粒径范围的土壤颗粒质量分数大都在 0.1%以内;粒径为 0.25~0.5mm 的土壤颗粒质量分数比大于 0.5mm 的土壤颗粒质量分数明显增多,但 80%以上质量分数在 15%以下;粒径为 0.0025~0.005mm 的土壤颗粒质量分数不超过 1%,粒径小于 0.025mm 的土壤颗粒质量分数基本分布在 10%以内,粒径小于 0.01mm 的土壤颗粒质量分数全都在 3%以内,而且淤积物颗粒级配沿深度没有明显的变化。由图 3.4 可知,土壤颗粒级配曲线中,各淤积层土壤颗粒质量分数的峰值都出现在粒径 0.025～0.1mm。由表 3.7 可知,张山坝坝地分层淤积物的 17 个淤积层中,有 10 个淤积层中土壤颗粒的不均匀系数和曲率系数不能同时满足 Cu>5 且 1<Cc<3,均级配不良。

表 3.6　张山坝坝地分层淤积物小于某粒径的土壤颗粒质量分数　(单位:%)

淤积层数	不同粒径的土壤颗粒质量分数								
	<1.0mm	<0.5mm	<0.25mm	<0.1mm	<0.05mm	<0.025mm	<0.01mm	<0.005mm	<0.0025mm
1	100.00	99.90	82.68	47.96	19.58	6.92	2.37	1.99	1.91
2	99.98	99.94	91.50	81.21	41.70	6.79	2.81	2.17	1.93
3	99.97	99.93	79.17	48.19	25.48	8.43	2.77	2.31	2.25
4	100.00	100.00	92.23	45.34	24.16	9.12	2.74	2.56	2.23
5	100.00	99.97	92.36	37.93	15.22	6.98	2.49	2.09	2.05
6	100.00	99.87	93.22	51.94	19.74	8.93	2.75	2.25	1.79
7	100.00	99.94	92.13	46.36	23.46	9.01	2.85	2.21	1.95
8	100.00	99.90	91.12	64.43	29.09	7.22	2.89	2.65	2.16
9	100.00	99.98	95.98	40.04	14.67	6.89	2.53	1.82	1.36
10	100.00	99.91	86.78	51.22	17.22	6.61	2.30	1.99	1.71
11	100.00	99.97	96.85	74.85	34.01	7.86	2.47	1.83	1.67
12	100.00	99.99	89.75	46.91	17.01	7.52	2.47	1.97	1.46
13	99.99	99.96	89.84	40.24	23.74	10.13	2.69	2.07	1.40
14	100.00	99.95	84.39	39.32	17.91	8.42	2.60	2.22	1.61
15	100.00	100.00	95.82	39.86	14.82	7.51	2.76	2.22	1.44
16	100.00	99.94	86.54	48.22	18.59	7.92	2.77	2.19	1.54
17	100.00	100.00	96.49	39.18	14.94	7.45	2.74	2.20	1.76

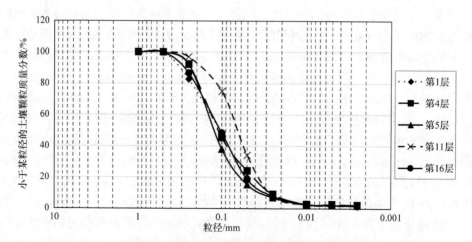

图 3.4　张山坝坝地分层淤积物颗粒级配曲线

表 3.7　张山坝坝地分层淤积物土壤颗粒级配曲线特征

淤积层数	控制粒径 d_{60}/mm	d_{30}/mm	有效粒径 d_{10}/mm	不均匀系数 Cu	曲率系数 Cc
1	0.067	0.034	0.014	4.935	1.271
2	0.037	0.020	0.011	3.215	0.958
3	0.069	0.030	0.011	6.070	1.143
4	0.066	0.032	0.011	6.034	1.425
5	0.070	0.041	0.015	4.536	1.565
6	0.060	0.033	0.011	5.201	1.582
7	0.065	0.032	0.011	5.887	1.444
8	0.042	0.026	0.012	3.502	1.325
9	0.068	0.040	0.016	4.240	1.482
10	0.062	0.034	0.015	4.216	1.283
11	0.041	0.023	0.011	3.643	1.122
12	0.065	0.036	0.014	4.690	1.415
13	0.070	0.034	0.010	7.056	1.716
14	0.073	0.039	0.012	5.837	1.679
15	0.068	0.040	0.015	4.499	1.569
16	0.065	0.035	0.013	5.059	1.419
17	0.068	0.041	0.015	4.514	1.596

　　陕北子洲县小河沟流域石畔峁坝共有淤积层 22 层，石畔峁坝坝地分层淤积物小于某粒径的土壤颗粒质量分数见表 3.8，石畔峁坝坝地分层淤积物颗粒级配曲线见图 3.5(经分析得知，22 个淤积层的颗粒级配曲线都很光滑，而且其粒径主要分布在 0.025～0.1mm，随机抽取了 5 个淤积层的颗粒级配曲线进行分析)，石畔峁坝坝地分层淤积物土壤颗粒级配曲线特征见表 3.9。由表 3.8 可知，淤地坝的坝地淤积物中每个淤积层上的粒径主要分布在 0.025～0.1mm，缺乏粒径为 0.5～2mm 的大颗粒，且粒径为 0.25～0.5mm 的土壤颗粒质量分数也很少，坝地淤积物 22 个淤积层中有 4 个淤积层不含这一粒径的土壤颗粒，其余 18 个淤积层的这一粒径的土壤颗粒质量分数也在 0.1%左右；粒径为 0.1～0.25mm 的土壤颗粒质量分数有明显增多，但其质量分数 80%以上分布在 10%以内；粒径为 0.005～0.01mm 的土壤颗粒质量分数基本不超过 2%；粒径为 0.0025～0.005mm 的土壤颗粒质量分数中 85%以上分布在 0.5%以内，而且淤积物颗粒级配沿淤积层数没有明显的变化。由图 3.5 可知，级配曲线中各淤积层土壤颗粒质量分数的峰值都出现在 0.025～0.1mm。由表 3.9 可知，石畔峁坝 22 个淤积层中，每一个淤积层中土壤颗粒的不均匀系数和曲率系数都不能同时满足 Cu>5 且 1<Cc<3，即淤积物土壤颗粒级配均不良。

表 3.8   石畔峁坝坝地分层淤积物小于某粒径的土壤颗粒质量分数 (单位：%)

淤积层数	不同粒径的土壤颗粒质量分数								
	<1.0mm	<0.5mm	<0.25mm	<0.1mm	<0.05mm	<0.025mm	<0.01mm	<0.005mm	<0.0025mm
1	100	100	99.96	95.73	61.46	26.63	3.01	2.00	1.73
2	100	100	99.93	93.55	78.54	36.56	3.27	2.00	1.73
3	100	100	99.90	95.97	77.79	29.49	3.60	2.36	1.88
4	100	100	99.93	87.41	56.95	29.88	2.66	1.92	1.65
5	100	100	99.83	96.66	67.89	26.25	3.86	2.34	1.97
6	100	100	99.87	97.98	69.55	29.60	3.80	2.43	1.80
7	100	100	99.98	91.86	70.44	39.77	3.02	2.25	1.80
8	100	100	99.99	90.56	49.14	30.45	3.11	2.18	1.68
9	100	100	99.98	90.94	72.43	45.82	3.43	2.10	1.77
10	100	100	99.99	87.19	58.61	33.01	3.13	1.96	1.61
11	100	100	100.00	95.07	40.46	27.71	4.47	2.43	2.15
12	100	100	99.84	88.42	60.60	34.72	3.31	2.04	1.81
13	100	100	100.00	94.36	76.81	46.83	4.27	2.37	1.84
14	100	100	99.96	86.37	60.58	41.02	3.40	1.95	1.71
15	100	100	99.84	93.50	82.81	56.89	3.78	2.48	1.98
16	100	100	99.94	89.94	70.25	44.94	3.70	2.08	1.91
17	100	100	99.97	93.30	76.81	65.32	3.66	2.29	2.01
18	100	100	100.00	96.14	63.68	26.75	5.79	2.53	2.09
19	100	100	99.90	75.30	51.34	45.06	2.46	1.65	1.62
20	100	100	100.00	96.83	79.91	70.89	4.54	2.63	2.22
21	100	100	99.97	97.63	77.41	38.44	4.42	2.71	2.45
22	100	100	99.97	93.39	71.10	32.52	4.66	2.58	2.21

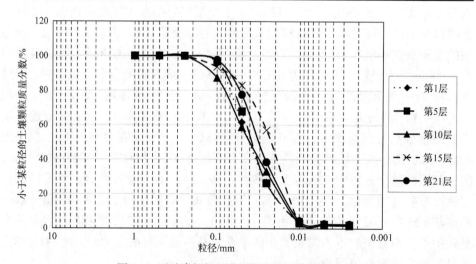

图 3.5   石畔峁坝坝地分层淤积物颗粒级配曲线

表 3.9　石畔峁坝坝地分层淤积物土壤颗粒级配曲线特征

淤积层数	控制粒径 d_{60}/mm	d_{30}/mm	有效粒径 d_{10}/mm	不均匀系数 Cu	曲率系数 Cc
1	0.049	0.027	0.014	3.390	1.063
2	0.039	0.022	0.013	2.989	0.957
3	0.041	0.025	0.014	2.976	1.142
4	0.055	0.025	0.014	3.916	0.816
5	0.045	0.027	0.014	3.207	1.162
6	0.044	0.025	0.014	3.236	1.065
7	0.041	0.021	0.013	3.229	0.828
8	0.063	0.025	0.014	4.580	0.705
9	0.038	0.019	0.012	3.110	0.797
10	0.052	0.023	0.013	3.898	0.782
11	0.068	0.029	0.014	5.004	0.944
12	0.049	0.023	0.013	3.745	0.793
13	0.036	0.019	0.012	2.994	0.841
14	0.049	0.021	0.013	3.899	0.682
15	0.028	0.017	0.012	2.382	0.920
16	0.040	0.020	0.012	3.244	0.781
17	0.024	0.016	0.012	2.054	0.984
18	0.048	0.027	0.013	3.650	1.197
19	0.068	0.020	0.013	5.378	0.450
20	0.023	0.016	0.011	2.006	0.980
21	0.039	0.021	0.012	3.116	0.936
22	0.043	0.024	0.013	3.325	1.014

　　陕北王茂沟流域关地沟 3 号坝坝地淤积物共有 31 个淤积层,关地沟 3 号坝坝地分层淤积物小于某粒径的土壤颗粒质量分数见表 3.10,关地沟 3 号坝坝地分层淤积物颗粒级配曲线见图 3.6(经分析得知, 31 个淤积层的土壤颗粒级配曲线都很光滑, 且粒径主要分布在 0.005~0.1mm, 随机抽取 5 个淤积层的土壤颗粒级配曲线进行分析), 关地沟 3 号坝坝地分层淤积物颗粒级配曲线特征见表 3.11。由表 3.10 可知,关地沟 3 号坝坝地淤积物的 31 个淤积层中均未出现粒径大于 1.0mm 的土壤颗粒,淤积物的粒径主要分布在 0.005~0.1mm, 31 个淤积泥沙层中粒径为 0.005~0.1mm 土壤颗粒的质量分数为 67.26%~79.97%;粒径小于 0.0025mm 的土壤颗粒质量分数为 4.18%~7.32%;粒径小于 0.005mm 的土壤颗粒质量分数为 15.41%~20.06%;粒径在 0.005~0.05mm 的土壤颗粒质量分数为 55.79%~73.29%;粒径大于 0.05mm 的土壤颗粒质量分数为 7.40%~28.80%,而且坝地分层淤积物颗粒级配沿深度方向没有明显的变化。由表 3.11 可知,关地沟 3 号坝坝

地淤积物的 31 个淤积层中,每一个淤积层中土壤颗粒的不均匀系数和曲率系数都不能同时满足 Cu>5 且 1<Cc<3, 即关地沟 3 号坝坝地淤积物的土壤颗粒级配均不良。

表 3.10　关地沟 3 号坝坝地分层淤积物小于某粒径的土壤颗粒质量分数　(单位:%)

淤积层数	不同粒径的土壤颗粒质量分数								
	<1.0mm	<0.5mm	<0.25mm	<0.1mm	<0.05mm	<0.025mm	<0.01mm	<0.005mm	<0.0025mm
1	100	99.95	99.55	91.00	84.30	67.26	52.36	16.27	4.64
2	100	99.92	99.42	93.95	82.36	67.88	52.49	16.39	4.68
3	100	99.93	99.63	90.36	86.80	68.32	52.79	16.65	4.99
4	100	99.76	99.67	94.33	84.26	68.05	52.45	16.42	4.77
5	100	99.93	99.43	95.36	83.85	68.45	52.33	16.56	4.85
6	100	99.96	99.56	92.73	81.60	68.62	54.83	18.25	4.79
7	100	99.81	99.31	91.47	80.46	69.22	53.34	16.85	4.68
8	100	99.89	98.88	94.34	81.36	69.03	53.59	17.32	4.65
9	100	99.94	99.64	95.98	88.60	70.83	52.47	16.01	4.18
10	100	99.85	99.75	89.38	84.36	68.36	52.87	16.56	4.38
11	100	99.77	99.27	91.45	80.30	67.16	53.63	16.99	4.86
12	100	99.93	99.53	92.36	74.32	66.79	53.04	16.56	4.56
13	100	99.86	99.36	88.40	71.20	62.64	50.57	15.41	4.41
14	100	99.98	99.58	87.00	73.20	65.32	52.74	16.52	4.61
15	100	99.79	99.29	87.00	80.00	63.10	50.88	15.48	4.40
16	100	99.85	99.35	91.23	75.47	67.57	52.50	16.29	4.60
17	100	99.94	99.44	89.64	75.91	66.21	52.29	16.10	4.93
18	100	99.95	99.70	86.70	81.30	66.75	52.45	16.19	4.52
19	100	99.92	99.75	90.25	76.74	67.12	52.81	16.53	4.94
20	100	99.86	99.36	86.00	74.00	66.05	52.92	16.66	4.63
21	100	99.88	99.64	92.07	72.73	65.05	51.83	16.13	4.61
22	100	99.83	99.33	93.22	82.30	65.05	51.78	16.05	4.76
23	100	99.75	99.25	95.06	75.61	65.30	51.53	15.90	4.54
24	100	99.98	99.48	90.29	83.06	69.68	52.99	16.02	4.43
25	100	99.90	99.50	92.45	89.70	75.76	57.93	20.06	7.32
26	100	99.96	99.69	94.14	85.50	67.81	53.12	16.78	4.71
27	100	99.98	99.51	87.31	78.24	72.90	55.93	17.47	4.82
28	100	99.94	99.53	94.44	83.44	71.06	55.37	18.13	4.98
29	100	99.95	99.45	92.42	92.60	74.62	57.03	19.31	6.45
30	100	99.98	99.36	88.30	81.70	73.49	56.65	18.85	5.33
31	100	99.87	99.79	85.10	82.90	70.35	54.68	17.84	5.07

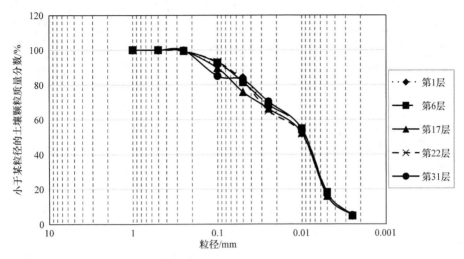

图 3.6　关地沟 3 号坝坝地分层淤积物颗粒级配曲线

表 3.11　关地沟 3 号坝坝地分层淤积物颗粒级配曲线特征

淤积层数	有效粒径 d_{10}/mm	d_{30}/mm	控制粒径 d_{60}/mm	不均匀系数 Cu	曲率系数 Cc
1	0.0041	0.0078	0.0153	3.7317	0.9699
2	0.0040	0.0075	0.0148	3.7000	0.9502
3	0.0039	0.0075	0.0130	3.3333	1.1095
4	0.0038	0.0072	0.0149	3.9211	0.9156
5	0.0037	0.0074	0.0145	3.9189	1.0207
6	0.0038	0.0071	0.0127	3.3421	1.0446
7	0.0039	0.0069	0.0138	3.5385	0.8846
8	0.0044	0.0073	0.0135	3.0682	0.8971
9	0.0038	0.0065	0.0131	3.4474	0.8487
10	0.0039	0.0072	0.0134	3.4359	0.9920
11	0.0042	0.0077	0.0142	3.3810	0.9941
12	0.0043	0.0069	0.0147	3.4186	0.7532
13	0.0042	0.0072	0.0159	3.7857	0.7763
14	0.0041	0.0071	0.0155	3.7805	0.7932
15	0.0038	0.0069	0.0142	3.7368	0.8823
16	0.0044	0.0067	0.0144	3.2727	0.7085
17	0.0041	0.0069	0.0153	3.7317	0.7590
18	0.0042	0.0072	0.0148	3.5238	0.8340
19	0.0038	0.0075	0.0132	3.4737	1.1214
20	0.0039	0.0069	0.0145	3.7179	0.8419
21	0.0042	0.0068	0.0156	3.7143	0.7057

淤积层数	有效粒径 d_{10}/mm	d_{30}/mm	控制粒径 d_{60}/mm	不均匀系数 Cu	曲率系数 Cc
22	0.0043	0.0074	0.0155	3.6047	0.8216
23	0.0041	0.0070	0.0153	3.7317	0.7811
24	0.0039	0.0068	0.0139	3.5641	0.8530
25	0.0038	0.0067	0.0102	2.6842	1.1582
26	0.0041	0.0074	0.0143	3.4878	0.9340
27	0.0039	0.0072	0.0127	3.2564	1.0466
28	0.0043	0.0067	0.0136	3.1628	0.7676
29	0.0044	0.0066	0.0122	2.7727	0.8115
30	0.0045	0.0077	0.0154	3.4222	0.8556
31	0.0046	0.0065	0.0145	3.1522	0.6334

王茂沟流域的关地沟 4 号坝坝地淤积物共有 32 个淤积层，关地沟 4 号坝坝地分层淤积物小于某粒径的土壤颗粒质量分数见表 3.12，关地沟 4 号坝坝地分层淤积物土壤颗粒级配曲线见图 3.7(经分析得知，32 个淤积层的土壤颗粒级配曲线都很光滑，且粒径主要集中在 0.005～0.1mm，随机抽取 5 个淤积层的土壤颗粒级配曲线进行分析)，关地沟 4 号坝坝地分层淤积物土壤颗粒级配曲线特征见表 3.13。由表 3.12 分析结果可知，关地沟 4 号坝坝地分层淤积物的 32 个淤积层中也未见粒径大于 1.0mm 的土壤颗粒，土壤颗粒粒径主要分布在 0.005～0.1mm，32 个淤积层中 0.005～0.1mm 土壤颗粒的质量分数位于 68.30%～73.45%；粒径小于 0.0025mm 的土壤颗粒质量分数位于 3.48%～7.31%；粒径小于 0.005mm 的土壤颗粒质量分数为 18.00%～23.04%；粒径在 0.005～0.05mm 的土壤颗粒质量分数为 55.80%～65.59%；粒径大于 0.05mm 的土壤颗粒质量分数为 16.00%～22.60%，而且各淤积物颗粒大小分布沿深度方向无显著变化。由表 3.13 可知，关地沟 4 号坝坝地淤积物的 32 个淤积层中，各淤积层中土壤颗粒不均匀系数和曲率系数不能同时满足 Cu>5 且 1<Cc<3，即关地沟 4 号坝坝地淤积物的土壤颗粒级配均不良。

表 3.12　关地沟 4 号坝坝地分层淤积物小于某粒径的土壤颗粒质量分数 (单位：%)

淤积层数	不同粒径的土壤颗粒质量分数								
	<1.0mm	<0.5mm	<0.25mm	<0.1mm	<0.05mm	<0.025mm	<0.01mm	<0.005mm	<0.0025mm
1	100	99.01	98.40	90.40	82.11	59.20	52.48	18.62	3.48
2	100	99.98	99.55	91.05	83.30	60.60	53.17	18.41	5.76
3	100	99.91	99.31	90.91	78.30	64.00	53.38	18.62	5.19

淤积层数	不同粒径的土壤颗粒质量分数								
	<1.0mm	<0.5mm	<0.25mm	<0.1mm	<0.05mm	<0.025mm	<0.01mm	<0.005mm	<0.0025mm
4	100	99.84	99.24	91.46	82.10	66.10	52.96	18.32	5.48
5	100	99.84	99.24	90.24	80.50	64.30	53.52	18.72	5.59
6	100	99.89	99.46	92.05	81.50	67.10	53.17	23.04	7.31
7	100	99.92	99.61	90.61	78.40	67.40	52.90	18.69	5.72
8	100	99.72	99.12	91.00	78.30	67.40	53.66	18.69	5.97
9	100	99.90	99.30	90.30	77.80	68.60	53.86	22.00	6.28
10	100	99.87	99.42	91.63	81.00	68.6	52.76	18.62	5.79
11	100	99.86	99.26	90.26	77.40	67.80	52.41	18.55	5.52
12	100	99.76	99.47	90.47	79.10	69.30	51.79	18.35	5.45
13	100	99.98	99.38	91.09	81.80	70.30	53.38	18.55	5.90
14	100	99.94	99.34	90.34	79.80	67.10	52.28	18.41	5.62
15	100	99.76	99.16	90.91	78.10	65.40	51.86	18.31	5.59
16	100	99.93	99.75	91.00	84.00	67.40	52.76	18.41	5.90
17	100	99.84	99.24	91.09	80.80	67.80	53.66	18.90	6.07
18	100	99.87	99.44	90.44	82.00	65.80	52.48	18.35	5.75
19	100	99.79	99.42	91.00	79.30	64.30	52.34	18.52	5.52
20	100	99.95	99.65	90.65	77.60	64.60	52.62	18.45	5.66
21	100	99.86	99.26	91.09	83.30	64.80	52.90	18.62	5.69
22	100	99.98	99.38	90.91	79.80	68.00	54.07	21.17	7.28
23	100	99.86	99.54	92.00	80.50	64.80	52.34	18.55	5.45
24	100	99.96	99.62	91.00	82.30	64.30	52.55	18.52	5.72
25	100	99.87	99.27	91.00	80.80	66.80	53.10	19.24	5.59
26	100	99.96	99.36	91.00	79.80	67.30	53.03	18.59	5.41
27	100	99.88	99.70	90.70	80.10	68.40	53.10	19.17	5.69
28	100	99.88	99.28	91.09	78.60	66.80	52.90	18.86	5.41
29	100	99.93	99.33	91.00	81.10	64.30	51.79	18.00	5.62
30	100	99.89	99.44	90.44	81.10	64.00	51.93	20.38	5.97
31	100	99.86	99.26	91.09	80.80	64.80	52.62	18.28	5.45
32	100	99.58	98.98	89.95	80.00	70.10	53.31	18.66	5.66

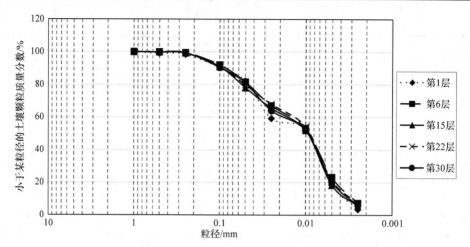

图 3.7　关地沟 4 号坝坝地分层淤积物土壤颗粒级配曲线

表 3.13　关地沟 4 号坝坝地分层淤积物土壤颗粒级配曲线特征

淤积层数	有效粒径 d_{10}/mm	d_{30}/mm	控制粒径 d_{60}/mm	不均匀系数 Cu	曲率系数 Cc
1	0.0041	0.0065	0.0150	3.6585	0.6870
2	0.0040	0.0063	0.0135	3.3750	0.7350
3	0.0039	0.0063	0.0140	3.5897	0.7269
4	0.0042	0.0078	0.0170	4.0476	0.8521
5	0.0041	0.0070	0.0155	3.7805	0.7710
6	0.0043	0.0068	0.0142	3.3023	0.7573
7	0.0039	0.0062	0.0148	3.7949	0.6660
8	0.0040	0.0066	0.0152	3.8000	0.7164
9	0.0041	0.0067	0.0158	3.8537	0.6930
10	0.0040	0.0065	0.0140	3.5000	0.7545
11	0.0039	0.0064	0.0135	3.4615	0.7780
12	0.0041	0.0060	0.0130	3.1707	0.6754
13	0.0040	0.0065	0.0230	5.7500	0.4592
14	0.0040	0.0063	0.0160	4.0000	0.6202
15	0.0039	0.0062	0.0130	3.3333	0.7582
16	0.0040	0.0064	0.0155	3.8750	0.6606
17	0.0039	0.0063	0.0135	3.4615	0.7538
18	0.0041	0.0064	0.0150	3.6585	0.6660
19	0.0040	0.0062	0.0130	3.2500	0.7392
20	0.0042	0.0065	0.0160	3.8095	0.6287
21	0.0040	0.0060	0.0168	4.2000	0.5357
22	0.0039	0.0063	0.0162	4.1538	0.6282

续表

淤积层数	有效粒径 d_{10}/mm	d_{30}/mm	控制粒径 d_{60}/mm	不均匀系数 Cu	曲率系数 Cc
23	0.0042	0.0065	0.0162	3.8571	0.6210
24	0.0043	0.0067	0.0210	4.8837	0.4971
25	0.0042	0.0064	0.0152	3.6190	0.6416
26	0.0040	0.0063	0.0145	3.6250	0.6843
27	0.0040	0.0060	0.0148	3.7000	0.6081
28	0.0042	0.0061	0.0155	3.6905	0.5716
29	0.0041	0.0062	0.0152	3.7073	0.6168
30	0.0040	0.0063	0.0152	3.8000	0.6528
31	0.0039	0.0064	0.0155	3.9744	0.6776
32	0.0041	0.0065	0.0165	4.0244	0.6245

由以上陕北黄土高原的四座典型淤地坝坝地分层淤积物的土壤颗粒大小分布分析结果可知，张山坝、石畔峁坝、关地沟 3 号坝和关地沟 4 号坝这四座典型淤地坝坝地分层淤积物的土壤颗粒级配均不良，靖边县红河则流域张山坝的粒径多为 0.025～0.1mm，粒径为 1～2mm 的大颗粒几乎没有；子洲县小河沟流域石畔峁坝的土壤颗粒粒径多为 0.025～0.1mm，缺少粒径为 0.5～2mm 的大颗粒，且粒径为 0.25～0.5mm 的土壤颗粒也很少；绥德县王茂沟流域关地沟 3 号坝和 4 号坝的各淤积层土壤颗粒粒径多为 0.005～0.1mm，未出现粒径大于 1.0mm 的土壤颗粒。因此，四座典型淤地坝坝地分层淤积物的土壤颗粒粒径主要以小于 0.1mm 为主，几乎没有大于 1mm 的土壤颗粒，这可能是本研究所采集的坝地土壤剖面均分布在典型淤地坝坝体附近的缘故。

3.4　典型淤地坝坝地分层淤积量求解

3.4.1　坝控面积与坝控流域土地利用结构

根据收集到的典型淤地坝的资料，在我国 1∶10000 地形图上，沿着分水岭绘出每座淤地坝的控制范围，勾绘出各个典型淤地坝坝控流域的坝地、梯田、坡耕地、林地、草地等不同土地利用类型的控制范围，求解出五座淤地坝坝控流域内各种土地利用类型的面积及其占总土地利用面积的比例。典型淤地坝坝控流域各类型土地利用情况如表 3.14 所示。由表 3.14 可知，石畔峁坝坝控流域面积为 200.45hm²，其中坡地面积占 39.60%，林地面积占 32.78%，荒地面积占 20.16%，梯田面积占 5.15%，草地面积占 1.59%，坝地面积占 0.72%。张山坝坝控流域面积为 116.67hm²，其中林地面积占 76.02%，草地面积占 11.26%，耕地面积占 8.33%，梯田面积占 1.88%，果树地面积占 1.38%，坝地面积占 0.48%。花梁坝坝控流域面积为 161.64hm²，其中坡耕地面积占 78.15%，草地面积占 11.28%，梯田面积占 6.82%，林地面积占 2.42%，荒地面积占 0.68%，坝地面积占 0.64%。关地沟 3 号坝坝控流域面积为 5.12hm²，土地利用类型中草地面积最大，占土地利用面积的 36.52%，梯田、坡耕地、林地和坝地面积分别占 25.78%、22.27%、9.18%、6.25%。关地沟 4 号坝坝控流域面积为 39.86hm²，其中草地面积为 16.24hm²，占比为 40.74%；坡耕地面积为 11.01hm²，占比为 27.62%；退耕坡地面积为 5.39hm²，占比为 13.52%；梯田面积为 5.11hm²，占比为 12.82%；坝地面积为 2.11hm²，占比为 5.29%。由表 3.14 可知，关地沟 3 号坝和关地沟 4 号坝的坝地面积占比分别为 6.25% 和 5.29%，显著大于其余三座典型淤地坝坝控流域的坝地面积占比；关地沟 3 号坝和关地沟 4 号坝的梯田面积占比分别为 25.78% 和 12.82%，显著大于其余三座典型淤地坝坝控流域的梯田面积占比。这主要是因为关地沟 3 号坝和关地沟 4 号坝所在的王茂沟流域位于韭园沟流域，韭园沟流域为黄土高原地区治理最早的流域，沟道已经形成了稳定的淤地坝坝系，坡面的梯田也形成了一定的规模，坝地面积和梯田面积占比相比其他三个坝控流域显著增大。

表 3.14　典型淤地坝坝控流域各类型土地利用情况

项目	石畔峁坝		张山坝		花梁坝		关地沟 3 号坝		关地沟 4 号坝	
	面积/hm²	占比/%	面积/hm²	占比/%	面积/hm²	占比/%	面积/hm²	占比/%	面积/hm²	占比/%
坝控流域	200.45	100.00	116.67	100.00	161.64	100.00	5.12	100.00	39.86	100.00
梯田	10.33	5.15	2.19	1.88	11.03	6.82	1.32	25.78	5.11	12.82
草地	3.18	1.59	13.14	11.26	18.24	11.28	1.87	36.52	16.24	40.74
坝地	1.44	0.72	0.56	0.48	1.04	0.64	0.32	6.25	2.11	5.29
林地	65.70	32.78	88.69	76.02	3.91	2.42	0.47	9.18	—	—
坡耕地	—	—	—	—	126.32	78.15	1.14	22.27	11.01	27.62
耕地			9.72	8.33						
退耕坡地									5.39	13.52
坡地	79.38	39.60								
荒地	40.42	20.16			1.10	0.68				
居住地	—	—	0.76	0.65	—	—				
果树地			1.61	1.38						

注：各类型土地面积占比合计不为 100%，因数据进行过修约。

　　为了进一步分析坝控流域不同土地利用类型面积占坝控流域基本农田面积的比例，分别绘制了五座典型淤地坝坝控流域内坡耕地(坡地/耕地)、梯田、坝地面积占坝控流域基本农田面积的百分比的饼状图，见图 3.8。由图 3.8 可知，五座典型淤地坝坝控流域基本农田面积中，关地沟 3 号坝坝控流域面积占比依次为梯田(47.48%)>坡耕地(41.01%)>坝地(11.51%)，其余四座典型淤地坝坝控流域基本农田面积百分比均为坡耕地(坡地/耕地)>梯田>坝地。关地沟 3 号坝和关地沟 4 号坝坝控流域基本农田中坝地面积占 10%以上，其余三座典型淤地坝坝地面积占坝控流域基本农田面积的比例小于 5%，具体分别为 4.53%(张山坝)、1.58%(石畔峁坝)和 0.75%(花梁坝)。由于坝地拦蓄的泥沙来自降雨径流冲刷坝控流域坡面不同土地利用类型的表土，含有大量的牲畜粪便、枯枝落叶和腐殖质等，土壤肥沃，相比梯田和坡耕地有着良好的水肥优势和增产效益(魏霞等，2007a，2007b，2006a，2006c；魏霞，2005)。已有研究表明，通常坝地土壤含水量比坡耕地高 1.5 倍，比梯田高 1 倍；单位质量土壤中氮、磷、钾元素和有机质含量分别比坝地高 1.2 倍、4.0 倍、5.2 倍和 1.3 倍(邹斌华等，2008)。由于坝地具有良好的水肥条件，与其他土地利用类型相比，产量较高。已有研究表明，坝地产量一般为 5000kg/hm²，有的高达 8000kg/hm²，是坡耕地产量的 4～6 倍，甚至 10 倍以上，是梯田产量的 2～3 倍(邹斌华等，2008；黄自强，2003)。每淤成 0.07hm² 的坝地，相当于 0.4～0.67hm² 坡耕地(刘震，2003)。因此，在这五座典型淤地坝坝控流域范围内，提高坝地面积对粮食增产的潜力巨大。

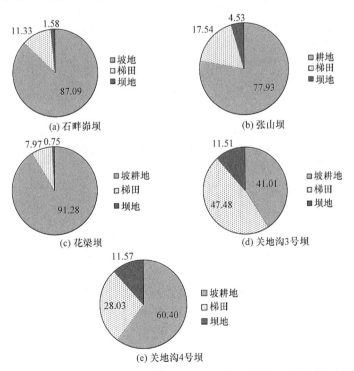

图 3.8　典型淤地坝坝控流域不同土地利用类型面积占基本农田面积百分比(单位：%)

3.4.2　典型淤地坝分层淤积量确定

首先，根据收集到的五座典型淤地坝坝控流域地形图，将其在 AutoCAD 中进行矢量化，并标注出矢量化的坝控流域地形图的等高线，自动生成面域命令。在矢量化电子图时使每条等高线闭合，然后使用 LIST 命令或者 AREA 命令，自动求出各等高线所围成的面积。需要注意的是，等高线在坝址断面处被截断，用坝控流域内被截断的那部分等高线求解坝控流域面积。其次，将每两条等高线之间的形状简化为圆台状，建立相对高程和库容之间的函数关系方程(即库容曲线方程)。根据建立的库容曲线方程和实地测得的每个淤积层的淤积厚度，内插求出每个淤积层对应的淤积量。表 3.15～表 3.19 分别是张山坝、石畔峁坝、花梁坝、关地沟 3 号坝和关地沟 4 号坝坝地分层淤积量计算结果。坝地分层淤积量的确定，为典型淤地坝淤积过程的反演提供了重要参数。

表 3.15　张山坝坝地分层淤积量计算结果

层数	分层淤积厚度/m	分层淤积量/万 t	层数	分层淤积厚度/m	分层淤积量/万 t
1	1.30	0.128	10	0.28	0.020
2	0.30	0.027	11	0.19	0.013
3	0.67	0.059	12	0.06	0.004
4	0.80	0.066	13	0.26	0.018
5	0.30	0.024	14	0.85	0.058
6	0.69	0.053	15	0.08	0.005
7	0.08	0.006	16	0.18	0.012
8	0.14	0.010	17	0.80	0.054
9	0.91	0.066			

表 3.16　石畔峁坝坝地分层淤积量计算结果

层数	分层淤积厚度/m	分层淤积量/万 t	层数	分层淤积厚度/m	分层淤积量/万 t
1	0.21	0.022	12	0.45	0.037
2	0.82	0.081	13	0.40	0.032
3	0.13	0.012	14	0.14	0.011
4	0.22	0.020	15	0.23	0.018
5	0.52	0.047	16	0.14	0.011
6	0.10	0.009	17	0.67	0.050
7	0.06	0.005	18	0.63	0.046
8	0.06	0.005	19	0.25	0.018
9	0.07	0.006	20	0.24	0.017
10	0.03	0.003	21	0.11	0.008
11	0.12	0.010	22	0.68	0.047

表 3.17　花梁坝坝地分层淤积量计算结果

层数	分层淤积厚度/m	分层淤积量/万 t	层数	分层淤积厚度/m	分层淤积量/万 t
1	0.100	0.580	30	0.070	0.316
2	0.160	0.348	31	0.060	0.272
3	0.065	0.143	32	0.600	2.792
4	0.860	2.001	33	0.170	0.814
5	0.100	0.246	34	0.100	0.484
6	0.080	0.199	35	0.050	0.243
7	0.880	2.301	36	0.160	0.785
8	0.210	0.582	37	0.100	0.495
9	0.390	1.114	38	0.190	0.951
10	0.160	0.470	39	0.240	1.220
11	0.090	0.268	40	0.420	2.187
12	0.150	0.451	41	0.100	0.531
13	0.190	0.581	42	0.360	1.941
14	0.140	0.435	43	0.140	0.768
15	0.150	0.473	44	0.520	2.920
16	0.080	0.255	45	0.160	0.920
17	0.070	0.225	46	0.240	1.398
18	0.130	0.421	47	0.520	3.108
19	0.120	0.393	48	0.140	0.855
20	0.030	0.099	49	0.110	0.678
21	0.180	0.600	50	0.240	1.496
22	0.130	0.440	51	0.080	0.504
23	0.560	1.954	52	0.130	0.824
24	0.110	0.396	53	0.800	5.226
25	1.450	5.581	54	0.220	1.484
26	0.300	1.242	55	0.160	1.092
27	0.220	0.930	56	0.190	1.311
28	0.360	1.558	57	0.330	2.314
29	0.320	1.422	58	0.900	6.553

表 3.18　关地沟 3 号坝坝地分层淤积量计算结果

层数	分层淤积厚度/m	分层淤积量/万 t	层数	分层淤积厚度/m	分层淤积量/万 t
1	0.029	0.014	5	0.033	0.016
2	0.026	0.013	6	0.042	0.021
3	0.037	0.018	7	0.170	0.084
4	0.039	0.019	8	0.285	0.137

层数	分层淤积厚度/m	分层淤积量/万 t	层数	分层淤积厚度/m	分层淤积量/万 t
9	0.150	0.072	21	0.235	0.098
10	0.115	0.054	22	0.490	0.205
11	0.040	0.019	23	0.738	0.309
12	0.028	0.013	24	0.050	0.021
13	0.026	0.012	25	0.616	0.238
14	0.010	0.005	26	0.050	0.019
15	0.019	0.009	27	0.540	0.185
16	0.026	0.012	28	0.225	0.077
17	0.015	0.007	29	0.283	0.097
18	0.068	0.030	30	0.220	0.076
19	0.040	0.017	31	0.420	0.144
20	0.022	0.009			

表 3.19　关地沟 4 号坝坝地分层淤积量计算结果

层数	分层淤积厚度/m	分层淤积量/t	层数	分层淤积厚度/m	分层淤积量/t	层数	分层淤积厚度/m	分层淤积量/t
1	0.022	625.052	12	0.039	1108.046	23	0.454	11624.450
2	0.038	1079.635	13	0.040	1080.319	24	0.820	20995.710
3	0.040	1136.458	14	0.035	945.279	25	0.075	1920.339
4	0.031	880.755	15	0.015	405.120	26	0.550	14082.490
5	0.047	1335.338	16	0.025	675.200	27	0.048	1229.017
6	0.040	1136.458	17	0.030	810.239	28	0.378	9148.001
7	0.034	965.989	18	0.018	486.144	29	0.227	5493.641
8	0.270	7671.089	19	0.090	2430.718	30	0.252	6446.427
9	0.320	9091.661	20	0.057	1539.455	31	0.219	5300.032
10	0.200	5682.288	21	0.030	810.239	32	1.650	13165.610
11	0.097	2755.910	22	0.243	6562.939			

　　本章主要给出了典型淤地坝的选取条件和坝地淤积层的划分标准，并且通过对陕北黄土高原淤地坝的调研，选取了五座典型淤地坝——陕北靖边县红河则流域的张山坝，子洲县小河沟流域的石畔峁坝、花梁坝，绥德县王茂沟流域的关地沟 3 号坝和关地沟 4 号坝为研究对象，挖取剖面，对五座典型淤地坝的坝地淤积物进行淤积层的划分，量取各典型淤地坝坝地淤积物的分层淤积厚度，采集分层淤积物的原状土壤样品和扰动土壤样品，利用室内实验方法测定了各分层淤积土样的干容重和颗粒大小分布，分析了干容重的分布特征及其随淤积深度的变化，

以及典型淤地坝坝地各分层淤积土样的颗粒级配特征。同时，根据收集到的各座典型淤地坝坝控流域地形图和土地利用类型等资料，利用 AutoCAD 软件，求解了五座典型淤地坝的库容曲线，结合各座典型淤地坝的干容重实测值，确定各座典型淤地坝坝地分层淤积量。

参 考 文 献

常晓辉, 郑军, 杨勇, 等, 2015. 小浪底库区深层淤积泥沙干容重分析[J]. 人民黄河, 37(8): 10-12.

程龙渊, 席占平, 1993. 三门峡水库淤积物干容重的研究与应用[J]. 人民黄河, (11): 8-10.

付凌, 2007. 黄土高原典型流域淤地坝减沙减蚀作用研究[D]. 南京: 河海大学.

韩其为, 1997. 淤积物干容重的分布及其应用[J]. 泥沙研究, (2): 10-16.

侯建才, 2007. 黄土丘陵沟壑区小流域侵蚀产沙特征示踪研究[D]. 西安: 西安理工大学.

侯建才, 李占斌, 李勉, 等, 2007. 基于淤地坝淤积信息的小流域泥沙来源及产沙强度研究[J]. 西安理工大学学报, 23(2): 118-122.

黄河水利委员会绥德水土保持科学试验站, 1985. 水土保持试验研究成果汇编第二集[A]. 郑州: 黄河水利委员会.

黄自强, 2003. 黄土高原地区淤地坝建设的地位及发展思路[J]. 中国水利, (17): 9-12.

焦菊英, 王万忠, 李靖, 等, 2001. 黄土高原丘陵沟壑区淤地坝的减水减沙效益分析[J]. 干旱区资源与环境, 15(1): 78-83.

焦菊英, 王万忠, 李靖, 等, 2003. 黄土高原丘陵沟壑区淤地坝的淤地拦沙效益分析[J]. 农业工程学报, 19(6): 302-306.

李勉, 杨二, 李平, 等, 2017. 淤地坝赋存信息在流域侵蚀产沙研究中的应用[J]. 水土保持研究, 24(3): 357-362.

李勉, 杨剑锋, 侯建才, 等, 2008. 黄土丘陵区小流域淤地坝记录的泥沙沉积过程研究[J]. 农业工程学报, 24(2): 64-69.

刘震, 2003. 抓好前期工作 完善建管机制 扎实推进黄土高原淤地坝工程建设[J]. 中国水土保持, 24(6): 1-3.

弥智娟, 2014. 黄土高原坝控流域泥沙来源及产沙强度研究[D]. 杨陵: 西北农林科技大学.

苗涵博, 2020. 激光粒度仪法与湿筛-沉降法测定土壤颗粒组成的比较研究[D]. 沈阳: 沈阳农业大学.

秦向阳, 常秀芳, 李占斌, 等, 2005. 淤地坝干容重的监理控制试验[J]. 中国水土保持, 26(12): 52-53.

冉大川, 2006. 黄河中游水土保持措施的减水减沙作用研究[J]. 资源科学, 28(1): 93-101.

冉大川, 罗全华, 刘斌, 等, 2004. 黄河中游地区淤地坝减洪减沙及减蚀作用研究[J]. 水利学报, 35(5): 7-13.

茹豪, 张建军, 李玉婷, 等, 2015. 黄土高原土壤粒径分形特征及其对土壤侵蚀的影响[J]. 农业机械学报, 46(4): 176-182.

师长兴, 章典, 尤联元, 等, 2003. 黄河口泥沙淤积估算问题和方法——以钓口河亚三角洲为例[J]. 地理研究, 22(1): 49-59.

王万忠, 焦菊英, 2002. 黄土高原水土保持减水减沙效益预测[M]. 郑州: 黄河水利出版社.

魏霞, 2005. 淤地坝淤积信息与流域降雨产流产沙关系研究[D]. 西安: 西安理工大学.

魏霞, 李勋贵, 李耀军, 2015. 典型淤地坝坝控流域水土保持措施的合理性分析[J]. 水土保持通报, 35(3): 12-17.

魏霞, 李占斌, 李鹏, 等, 2006a. 黄土高原典型淤地坝淤积机理研究[J]. 水土保持通报, 26(6): 10-13.

魏霞, 李占斌, 李勋贵, 等, 2006b. 坝地淤积物干容重分布规律及其在层泥沙还原的应用[J]. 西北农林科技大学学报(自然科学版), 34(10): 192-196.

魏霞, 李占斌, 李勋贵, 等, 2007a. 基于灰关联分析的坝地淤积过程与侵蚀性降雨响应研究[J]. 自然资源学报, 22 (5): 842-850.

魏霞, 李占斌, 李勋贵, 等, 2007b. 淤地坝坝地沉积过程与侵蚀性降雨的灰关联分析[J]. 安全与环境学报, 7(2): 101-104.

魏霞, 李占斌, 沈冰, 等, 2006c. 陕北子洲县典型淤地坝沉积过程和降雨关系的研究[J]. 农业工程学报, 22(9): 80 -84.

薛凯, 杨明义, 张风宝, 等, 2011. 利用淤地坝泥沙沉积旋廻反演小流域侵蚀历史[J]. 核农学报, 25(1): 115-120.

杨金玲, 张甘霖, 李德成, 等, 2009. 激光法与湿筛-吸管法测定土壤颗粒组成的转换及质地确定[J]. 土壤学报, 46(5): 772-780.

杨艳芳, 李德成, 杨金玲, 2008. 激光衍射法和吸管法分析黏性富铁土颗粒粒径分布的比较[J]. 土壤学报, (3): 23-30.

张风宝, 杨明义, 张加琼, 等, 2018. 黄土高原淤地坝沉积泥沙在小流域土壤侵蚀研究中的应用[J]. 水土保持通报, 38(6): 365-371.

张娜, 代文良, 朱辉, 等, 2006. 三峡水库淤积物初期干容重试验初步分析[J]. 人民长江, 37(12): 59-61.

张玮, 2015. 利用近40年来坝地沉积旋回研究黄土丘陵区小流域侵蚀变化特征[D]. 杨陵: 西北农林科技大学.

张耀哲, 王敬昌, 2004. 水库淤积泥沙干容重分布规律及其计算方法的研究[J]. 泥沙研究, (3): 54-58.

赵明月, 赵文武, 刘源鑫, 2015. 不同尺度下土壤粒径分布特征及其影响因子——以黄土丘陵沟壑区为例[J]. 生态学报, 35(14): 4625-4632.

赵恬茵, 王志兵, 吴媛媛, 等. 2020. 淤地坝沉积泥沙解译小流域土壤侵蚀信息研究进展[J]. 水土保持研究, 27(4): 400-404.

张富元, 冯秀丽, 章伟艳, 等, 2011. 南海表层淤积物的沉降法和激光法粒度分析结果对比和校正[J]. 淤积学报, 29(4): 767-775.

朱帅, 2017. 三峡水库淤积泥沙物理特性初步研究[D]. 武汉: 长江科学院.

邹兵华, 郭喜峰, 魏霞, 等, 2008. 黄土高原淤地坝增长小流域农村经济的潜力及途经研究[J]. 水资源与水工学报, 19(2): 44-47.

BEUSELINCK L, GOVERS G, POESEN J, et al., 1998. Grain-size analysis by laser diffractometry: Comparison with the sieve-pipette method[J]. Catena, 32(3-4):193-208.

LI X G, WEI X, 2011. Soil erosion analysis of human influence on the controlled basin system of check dams in small watersheds of the Loess Plateau, China[J]. Expert Systems with Applications, 38(4): 4228-4233.

LI X G, WEI X, WEI N, 2016. Correlating check dam sedimentation and rainstorm characteristics on the Loess Plateau, China[J]. Geomorphology, 265: 84-97.

WEI X, LI X, WEI N, 2016. Fractal features of soil particle size distribution in layered sediments behind two check dams: Implications for the Loess Plateau, China[J]. Geomorphology, 266: 133-145.

第4章 侵蚀性降雨资料分析与典型淤地坝坝地淤积过程辨识

4.1 坝控流域侵蚀性降雨特性分析与降雨资料处理

不同地区的小流域，因其下垫面类型、气象气候状况、人类活动等因素的不同，其产流产沙特征与机理存在很大的差异。有的小流域在缓和外营力长期塑造地貌过程中，发生渐变型产沙，有的则是在剧烈变化中，短时间内发生突变型产沙(李昌志，2002；李昌志等，2001a，2001b)。由于小流域的流域面积小，气象因素和下垫面对产沙的影响较大。中流域相对均一和稳定，因此产沙类型也表现得比较稳定，以渐变型产沙为主(李昌志，2002；李昌志等，2001a，2001b)。本书所选的五座典型淤地坝坝控流域面积分别为 200.45hm²、116.67hm²、161.64hm²、5.12hm²、39.86hm²，均属于小流域。因此，产沙类型均属于渐变型产沙。

虽然气候和下垫面类型是影响流域产流产沙的主要因素，但因在一定时间尺度内，流域地质、地貌、土壤相对稳定，如果没有大规模的剧烈人类活动影响，流域下垫面类型一般维持稳定状态，可视为不变量。因此，气候是影响小流域产流产沙的主要因素，而气候中的降雨是影响小流域产流产沙最主要的因素。降雨因素主要包括前期影响雨量、降雨强度、降雨量、降雨历时等，其中，前期影响雨量来自前一场降雨，与后一场降雨的降雨强度、降雨量和降雨历时不属于同一场降雨。因此，一般将影响流域降雨产流产沙的降雨因素分为前期降雨和次降雨(降雨强度、降雨量、降雨历时)两大方面。四川大学李昌志等运用主成分分析法研究了降雨产流产沙的前期降雨、降雨过程、降雨强度和降雨历时等资料(李昌志，2002；李昌志等，2001a，2001b)，结果表明，在小流域渐变型产沙模型中，次降雨特性(包括降雨强度、降雨量、降雨过程和降雨历时)是产沙的第一主成分，而前期影响雨量是产沙的第二或第三主成分。在本书中对降雨资料处理时只考虑第一主成分。

我国的降雨时空分布不均，时间分布上年内、年际分布不均，年际之间存在丰水年、枯水年和平水年，年内存在汛期和非汛期。黄土高原地区更是如此，汛期(6~9 月)的降雨量占全年总降雨量的 70%以上，甚至高达 90%以上，且这 70%以上的降雨量主要来自汛期某一场或者几场短历时高强度的大暴雨。

黄土高原是我国乃至世界上土壤侵蚀最严重的地区之一，降雨径流是该地区土壤侵蚀的主要外营力。然而，并非所有降雨事件都能够引起土壤侵蚀(谢云等，2000)，能够引起土壤侵蚀的那部分降雨事件被称为侵蚀性降雨(张岩等，2006；王万忠，1984，1983)。大量的分析研究结果表明，黄土高原地区小流域侵蚀产沙量大多数是由年内几次大暴雨形成的(李占斌等，2001，1997；王万忠等，1996a，1996b；李占斌，1996；周佩华等，1992，1987；王万忠，1983)，在全年所有降雨中，只有侵蚀性降雨产生地表径流，才能引起地表土壤侵蚀，造成水土流失(王占礼等，1992；周佩华等，1992，1987；王万忠，1984，1983)。侵蚀性降雨是黄土高原地区剧烈土壤水蚀的原动力，对其研究是黄土高原水土流失研究的重要组成部分(张岩等，2006)，一直以来是土壤侵蚀研究领域的重要问题(彭梅香等，2003，2000；高治定等，2002；焦菊英等，1999；王万忠等，1999；王占礼等，1998，1992)。将发生侵蚀与不发生侵蚀的降雨事件区分开来的临界降雨特性参数，称为侵蚀性降雨标准(王万忠，1984，1983)，侵蚀性降雨标准一般包括降雨量和降雨强度两个参数。侵蚀性降雨标准对于降雨侵蚀形成条件的分析、水土保持有关效益的定量评价、水土保持工作的规范化和标准化以及人工降雨侵蚀模拟试验等有重要意义(王万忠，1984)。确定侵蚀性降雨标准，是为了剔除不发生侵蚀的降雨事件，仅保留发生侵蚀的降雨事件，减小计算侵蚀性降雨的降雨侵蚀力、降雨强度、降雨量等指标的工作量。

国内外有关侵蚀性降雨标准的研究较多，但研究结果存在很大差异(梁越等，2019；汪邦稳等，2013；毕彩霞，2013；刘和平等，2007；Xie et al.，2002；Wischmeier，1978)。Wischmeier(1978)以降雨量大小拟定了侵蚀性降雨标准为12.7mm，若该次降雨的 15min 降雨量超过 6.4mm，则这次降雨仍按照侵蚀性降雨计。Renard 等(1997)研究表明，用全部降雨计算的降雨侵蚀力比剔除小于12.7mm 的降雨事件计算的降雨侵蚀力增加了 28%～59%，但尚无径流量和侵蚀量是否增加相关证明。王万忠(1984)给定了黄土高原侵蚀性降雨的一般降雨量标准为 9.9mm，并给出了侵蚀性降雨的 4 个参数标准，即基本降雨量、一般降雨量、瞬时降雨强度和暴雨标准。周佩华等(1992，1987)采用人工降雨模拟法确定了土壤侵蚀的暴雨标准。江忠善等(1988)拟定了黄土高原地区侵蚀性降雨标准的次降雨量为 10mm。王万忠等(1996a，1996b)研究表明，在我国黄土高原地区，引起土壤流失的年降雨量占全年总降雨量的 26.7%，约为 130mm；侵蚀性降雨次数约占年总降雨次数的 7.2%，年平均侵蚀性降雨 7.7 次，最多年侵蚀性降雨16.8 次，最少年侵蚀性降雨 2.2 次；年最大一次降雨产生的土壤流失量可占年土壤流失量的 66.4%；在侵蚀性降雨中，50%的降雨次数可集中产生 96.8%的土壤流失量。金建君等(2001)分析了不同样本年数与拟定侵蚀性降雨标准的关系。张岩等(2006)分析了黄土高原侵蚀性降雨的发生频率、次降雨量、次降雨历时、次降雨侵蚀力及降雨时程分布特征，研究指出，黄土高原 6 个雨量站侵蚀性降雨平均发生频率为 7.0～13.4 天/年，各站侵蚀性降雨的次降雨量均值为 19.17～25.38mm，具有很大变异性。陈杰等(2009)研究表明，长武黄土高原沟壑区侵蚀性降雨主要发生在 7 月、8 月，以降雨量小于 30mm 的降雨次数较多；降雨强度随降雨量增加而减小；同时，降雨以短历时大暴雨为主，降雨历时在 30min 以内的降雨次数最多。孙家振等(2011)研究了侵蚀性降雨与土壤侵蚀的关系，指出降雨因素中降雨量对土壤侵蚀的影响最大，降雨历时次之，最后是降雨强度。孙正宝等(2011)基于降雨及其引发的土壤侵蚀是一个连续变化的过程，建立了侵蚀性降雨识别的模糊隶属度模型。梁越等(2019)拟定了黄土高原 20 个小流域侵蚀性降雨的降雨量标准，指出黄土高原不同小流域侵蚀性降雨标准差异较大，流域侵蚀性降雨标准与流域治理度有关。

　　本书所选取的三个典型流域分别为陕北靖边县的红河则流域、子洲县的小河沟流域和绥德县的王茂沟流域。三个流域对应的水文站分别为青阳岔水文站、曹坪水文站和丁家沟水文站，收集与各典型淤地坝对应淤积年限的水文站降雨资料。首先，按照谢云等(2000)的侵蚀性降雨标准，即次降雨量为 12mm，平均降雨强度为 0.04mm/min，最大 30min 降雨强度为 0.25mm/min，计算并汇总收集的各典型淤地坝淤积年限内的所有降雨资料的次降雨量、平均降雨强度、最大 30min 降雨强度和降雨侵蚀力。然后，按照所选的侵蚀性降雨标准筛选各流域的侵蚀性降雨。将收集到的曹坪水文站 1972～1990 年(淤地坝建成年至水毁年)的降雨资料进行处理，按照每年汛期(6～9 月)降雨时间的先后顺序，逐年列出所有降雨，列表汇总所有降雨的主要指标，即最大 30min 降雨强度、降雨量、平均降雨强度、降雨侵蚀力，根据所选侵蚀性降雨标准筛选出侵蚀性降雨，作为侵蚀性降雨与层泥沙淤积量一一对应的基础。同理，将收集到的王茂沟流域1959～1987 年(淤地坝建成年至水毁年)的降雨资料进行处理，按照每年汛期(6～9 月)降雨先后顺序，逐年列出所有场次降雨资料的侵蚀性降雨的主要指标，即最大 30min 降雨强度、降雨量、平均降雨强度、降雨侵蚀力，根据所选侵蚀性降雨标准筛选出侵蚀性降雨，作为次降雨与层泥沙淤积量一一对应的基础。因未收集到青阳岔水文站 1974～1989 年(淤地坝建成年至水毁年)的降雨资料，故张山坝无法开展侵蚀性降雨与层泥沙淤积量的相应工作。在实际应用过程中，如果有的坝地淤积层找不到对应的侵蚀性降雨，说明此标准偏高。因此，在实用过程中可对此标准进行适当的调整，以保证筛选的侵蚀性降雨的数目大于等于淤积层的数目。

4.2　典型淤地坝淤积过程辨识方法

根据第 3 章典型淤地坝选取的三个条件和树木年轮水文学基本原理与交叉定年的启示(马利民等，2002；李江风等，2000)，所选典型淤地坝坝地每层淤积物都是在一定的侵蚀性降雨条件下产生的，是降雨径流冲刷该坝控流域面积上的坡耕地、牧荒坡及沟谷陡崖等不同利用类型土地表层土壤及更深层土壤形成的，因此典型淤地坝坝地的每一层淤积物都对应着一场侵蚀性降雨。在黄土高原地区，流域的年产沙量大多数是由汛期的几场侵蚀性降雨形成的，而且依据黄土高原暴雨产流产沙理论可知，黄土高原地处干旱半干旱气候区，具有降雨少且暴雨集中的气候特点，超渗产流是该地区的主要产流形式，洪水泥沙过程具有陡涨陡落的特点(王国庆等，2011；焦菊英等，1998；王万忠等，1996a，1996b；王玉宽等，1992)，即一般洪峰和沙峰同步，较大的降雨径流量对应较大的产沙输沙量。因此，淤积泥沙量较大的淤积层对应的侵蚀性降雨各指标均较大。典型淤地坝坝控流域降雨量较大的侵蚀性降雨，对应淤积量较大的坝地淤积泥沙层，这样就可以根据各典型淤地坝坝地分层淤积量序列与侵蚀性降雨序列，反演淤地坝的淤积过程特征。

第 3 章已计算出各典型淤地坝坝地分层淤积量，为了进一步揭示黄土高原典型淤地坝坝控流域的降雨特性与坝地泥沙淤积过程的关系，需要在上述研究的基础上，对典型淤地坝坝地各淤积层的泥沙淤积量与侵蚀性降雨进行一一对应，以阐明典型淤地坝坝地分层淤积量与侵蚀性降雨的响应关系。野外调查所选的五座典型淤地坝分别位于陕北子洲县小河沟流域、靖边县红河则流域和绥德县王茂沟流域，但由于子洲县未设雨量站，降雨资料移用距离小河沟流域最近的岔巴沟流域曹坪水文站的降雨资料，红河则流域的青阳岔水文站资料未收集齐全，无法对红河则流域的典型淤地坝——张山坝进行侵蚀性降雨场次与分层淤积量对应。因此，本章只对五座典型淤地坝中的四座进行了分层淤积量与侵蚀性降雨场次的对应。

将计算汇总的各个典型淤地坝淤积年限内相应水文站或雨量站的侵蚀性降雨资料与其坝地分层淤积量一一对应(魏霞等，2006a，2006b；魏霞，2005)。在进行典型淤地坝坝地分层淤积量与相应水文站或雨量站的侵蚀性降雨对应时，为了确保侵蚀性降雨时间序列和坝地淤积量序列先后顺序一致，应根据黄土高原暴雨径流产沙理论和"大雨对大沙"的原则，先将淤积量较大的淤积层作为控制性淤积层，把该淤积层与侵蚀性降雨指标(最大 30min 降雨强度 I_{30}、降雨侵蚀力 R、降雨量 P、平均降雨强度 I)均较大的侵蚀性降雨相对应，并将相应的侵蚀性降雨作为控制性降雨。如果这两个控制性淤积层之间待对应的淤积层数目较少，则在其对应的两个控制性侵蚀性降雨序列之间，按照侵蚀性降雨的四个指标从大到小的原则,筛选出和这两个控制性淤积层之间所夹淤积层数目相等的侵蚀性降雨数目，将其和两个控制性淤积层间所夹的淤积层按时间先后顺序一一对应。如果这两个控制性淤积层之间所夹的淤积层数目较多，为了对应的准确，则需要再在这两个控制性淤积层之间寻找淤积量较大的淤积层作为次控制性淤积层，将其对应的侵蚀性降雨作为次控制性侵蚀性降雨。这样就将整段的对应工作分为具体的两段，每一段再采取上述方法，按照时间先后顺序一一对应，就可将每座典型淤地坝坝地分层淤积量序列与相应淤积年限内的侵蚀性降雨相对应。对应结果可以通过收集的已知典型淤地坝的建坝年份和水毁年份资料检验，对应过程示意图如图 4.1所示。图 4.1 中右侧矩形系列为典型淤地坝坝地分层淤积量序列，由上至下依次为典型淤地坝的水毁年至建成年，左侧线段序列为筛选的相应淤地坝坝控流域雨量站的侵蚀性降雨序列，从上至下依次为典型淤地坝水毁年至建成年。图 4.1(b)坝地分层淤积量序列中矩形 A、B、C、D 分别为所选的分层淤积量较大的控制性淤积层，矩形面积代表层泥沙淤积量；图 4.1(a)侵蚀性降雨序列中的线段 A、B、C、D 分别为与右侧坝地分层淤积量相对应的侵蚀性降雨，线段的长短代表侵蚀性降雨四个综合性指标的大小。

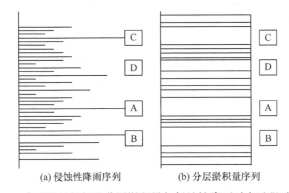

(a) 侵蚀性降雨序列　　　　　　(b) 分层淤积量序列

图 4.1　典型淤地坝坝地分层淤积量与侵蚀性降雨对应过程示意图

4.3　典型淤地坝坝地淤积过程与侵蚀性降雨响应结果

第 3 章已根据淤地坝的库容曲线、分层淤积物的厚度和分层淤积物的干容重等信息，求解出了五座典型淤地坝坝地淤积物的分层淤积量。本书 4.1 节对收集到的典型淤地坝所在流域水文站的降雨资料进行处理，筛选出各典型淤地坝所在流域的侵蚀性降雨场次。根据本书 4.2 节的分层淤积量与侵蚀性降雨响应原理，将典型淤地坝的坝地分层淤积量与其所在流域的侵蚀性降雨进行一一对应。

4.3.1　石畔峁坝坝地淤积过程与侵蚀性降雨响应

　　根据 4.2 节中的坝地分层淤积泥沙与侵蚀性降雨的响应原理，对石畔峁坝的坝地淤积过程和侵蚀性降雨进行一一对应，对应结果如表 4.1 所示。对每个淤积层的层泥沙淤积量和相应的侵蚀性降雨的 4 个指标，即最大 30min 降雨强度(I_{30})、降雨量(P)、平均降雨强度(I)、降雨侵蚀力(R)进行回归分析可知，层泥沙淤积量和侵蚀性降雨的四个指标中的 R、I_{30}、P 的相关性较好。据此分别绘制和拟合了石畔峁坝侵蚀性降雨的 I_{30}、R 和 P 与层泥沙淤积量之间的函数关系，结果分别见图 4.2、图 4.3 和图 4.4。

表 4.1　石畔峁坝坝地淤积过程与侵蚀性降雨对应结果

淤积年份	最大 30min 降雨强度 I_{30}/(mm/min)	降雨量 P/mm	平均降雨强度 I/(mm/min)	降雨侵蚀力 R/(mm²/min)	层泥沙淤积量/t	淤积层厚度/m	淤积层数
1972	0.218	84.900	0.048	18.537	236.742	0.210	1
1973	0.627	41.500	0.048	26.022	814.286	0.820	2
1973	0.458	29.200	0.167	13.383	129.518	0.130	3
1974	0.331	29.000	0.105	9.606	210.834	0.220	4
1974	0.455	77.100	0.232	35.059	438.824	0.520	5
1975	0.400	18.600	0.067	7.440	107.910	0.100	6
1976	0.333	18.400	0.096	6.133	51.225	0.060	7
1976	0.284	14.600	0.061	4.152	51.492	0.060	8
1976	0.396	18.700	0.129	7.400	63.511	0.070	9
1977	0.342	25.200	0.059	8.610	24.819	0.030	10
1977	0.197	56.800	0.051	11.171	101.106	0.120	11
1977	0.610	82.200	0.087	50.142	518.000	0.450	12
1977	0.534	27.200	0.245	14.526	319.569	0.400	13
1977	0.298	18.700	0.023	5.569	111.074	0.140	14
1978	0.554	15.600	0.013	8.636	184.101	0.230	15
1978	0.347	98.200	0.132	34.043	116.637	0.140	16
1978	0.714	40.600	0.217	29.000	471.559	0.670	17
1978	0.444	42.700	0.097	18.948	436.437	0.630	18
1978	0.335	51.200	0.098	17.152	180.954	0.250	19
1979	0.447	31.300	0.079	13.998	185.710	0.240	20
1979	0.328	18.300	0.039	6.007	80.213	0.110	21

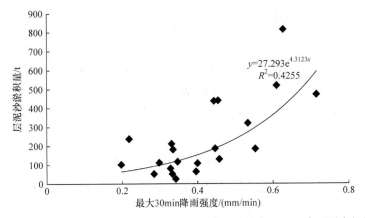

图 4.2　石畔峁坝坝地层泥沙淤积量与侵蚀性降雨的最大 30min 降雨强度相关性

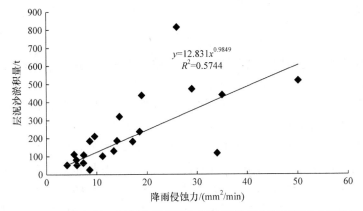

图 4.3　石畔峁坝坝地层泥沙淤积量与侵蚀性降雨的降雨侵蚀力相关性

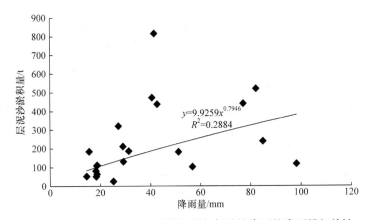

图 4.4　石畔峁坝坝地层泥沙淤积量与侵蚀性降雨的降雨量相关性

由图 4.2 可知，拟合的典型淤地坝坝地层泥沙淤积量与侵蚀性降雨的最大

30min 降雨强度的相关方程为

$$y = 27.293 e^{4.3123x}, \quad R^2 = 0.4255 \tag{4.1}$$

式中，y 为典型淤地坝坝地层泥沙淤积量，单位为 t；x 为侵蚀性降雨的最大 30min 降雨强度，单位为 mm/min；相关系数 R 为 0.6523。

由图 4.3 可知，拟合的典型淤地坝坝地层泥沙淤积量与侵蚀性降雨的降雨侵蚀力相关方程为

$$y = 12.831 x^{0.9849}, \quad R^2 = 0.5744 \tag{4.2}$$

式中，y 为典型淤地坝坝地层泥沙淤积量，单位为 t；x 为侵蚀性降雨的降雨侵蚀力，单位为 mm²/min；相关系数 R 为 0.7579。

由图 4.4 可知，拟合的典型淤地坝坝地层泥沙淤积量与侵蚀性降雨的降雨量相关方程为

$$y = 9.9259 x^{0.7946}, \quad R^2 = 0.2884 \tag{4.3}$$

式中，y 为典型淤地坝坝地层泥沙淤积量，单位为 t；x 为侵蚀性降雨的降雨量，单位为 mm；相关系数 R 为 0.5370。

在侵蚀性降雨与分层淤积泥沙的对应过程中，考虑的侵蚀性降雨指标有四个，即最大 30min 降雨强度、降雨量、平均降雨强度、降雨侵蚀力，因此要考虑多因子对淤积泥沙的综合影响，建立典型淤地坝层泥沙淤积量与侵蚀性降雨四个指标之间的多元回归关系，结果表明，层泥沙淤积量与侵蚀性降雨的最大 30min 降雨强度、降雨量的复相关系数是 0.806；层泥沙淤积量与侵蚀性降雨的最大 30min 降雨强度、平均降雨强度的复相关系数是 0.718；层泥沙淤积量与侵蚀性降雨的平均降雨强度、降雨侵蚀力的复相关系数是 0.546；层泥沙淤积量与侵蚀性降雨的最大 30min 降雨强度、降雨侵蚀力的复相关系数是 0.803；层泥沙淤积量与侵蚀性降雨的平均降雨强度、降雨侵蚀力的复相关系数是 0.405；层泥沙淤积量与侵蚀性降雨的降雨量、降雨侵蚀力的复相关系数是 0.757。

上述双因子回归分析结果经 F 检验和 t 检验均为显著，其置信度都为 95%。由上述分析可知，层泥沙淤积量与侵蚀性降雨的最大 30min 降雨强度、降雨量的复相关系数最高，为 0.806，层泥沙淤积量与侵蚀性降雨的最大 30min 降雨强度、降雨侵蚀力的相关性次之，复相关系数为 0.803。因此，石畔峁坝的坝地层泥沙淤积量与侵蚀性降雨的最大 30min 降雨强度、降雨量和降雨侵蚀力之间有显著的相关性，即最大 30min 降雨强度、降雨侵蚀力和降雨量是影响产沙量的主要因素。为此，将层泥沙淤积量和这三个侵蚀性降雨指标进行具体分析，结果见表 4.2～表 4.4。表 4.2 为石畔峁坝坝地淤积过程的三因子回归统计表，由

表 4.2 可知，复相关系数为 0.806，表明最大 30min 降雨强度、降雨侵蚀力和降雨量与层泥沙淤积量之间高度正相关。决定系数用来说明自变量解释因变量变差的程度，以检验因变量的拟合效果，表 4.2 中的决定系数为 0.650，表明用自变量可解释因变量变差的 65%。调整后的决定系数为 0.589，说明自变量能解释因变量的 58.9%，剩余 41.1%要由其他因素来解释。标准误差用来衡量拟合程度的大小，也用于计算与回归相关的其他统计量，此值越小，说明拟合程度越好。观测值是用于估计回归方程数据的观察值个数。表 4.3 为石畔峁坝坝地淤积过程的三因子方差分析表，通过 F 检验来判定回归模型的回归效果。石畔峁坝三因子方差分析表中的 F 显著性统计量的 P 值为 0.000375，小于显著性水平 0.05，说明该回归方程回归效果显著。表 4.4 为石畔峁坝三因子回归曲线系数及置信度区间表，据此可得出石畔峁坝坝地层泥沙淤积量与最大 30min 降雨强度、降雨侵蚀力和降雨量三因子的回归方程。利用坝地层泥沙淤积量与最大 30min 降雨强度、降雨侵蚀力和降雨量三个因素建立的三元一次回归方程对石畔峁坝坝控流域的泥沙量进行预测,预测的层泥沙淤积量与实测层泥沙淤积量的对比如图 4.5 所示。由图 4.5 可知，所建立的模型具有较高的精度和可靠性，可以对坝控流域侵蚀性降雨的侵蚀产沙量进行预测。

表 4.2　石畔峁坝坝地淤积过程的三因子回归统计表

指标	复相关系数	决定系数	调整后的决定系数	标准误差	观测值
数值	0.806	0.650	0.589	128.940	21

表 4.3　石畔峁坝坝地淤积过程的三因子方差分析表

类型	自由度	离差平方和	均方	F 值	P 值
回归分析	3	525871.8	175290.60	10.543	0.000375
残差	17	282635.1	16625.59		
总计	20	808507.0			

表 4.4　石畔峁坝坝地淤积过程的三因子回归曲线系数及置信度区间表

指标	系数	标准误差	t 统计量值	P 值	95%下限	95%上限
截距	−286.814	203.532	−1.410	0.177	−716.229	142.601
I_{30}	969.097	501.423	1.933	0.070	−88.813	2027.007
P	2.080	3.812	0.546	0.592	−5.962	10.123
PI_{30}	2.100	9.547	0.220	0.829	−18.043	22.242

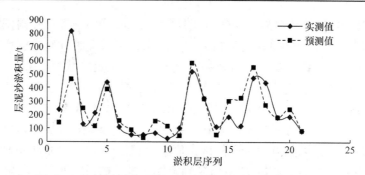

图 4.5　石畔峁坝坝地层泥沙淤积量实测值和预测值的比较

4.3.2　花梁坝坝地淤积过程与侵蚀性降雨响应

同理，根据淤地坝坝地层泥沙淤积量与侵蚀性降雨的响应原理，对花梁坝的侵蚀性降雨与层泥沙淤积量进行一一对应。表 4.5 给出了花梁坝坝地淤积过程与侵蚀性降雨对应结果。通过对每个淤积层的泥沙淤积量和侵蚀性降雨特性的 4 个指标，最大 30min 降雨强度(I_{30})、降雨量(P)、平均降雨强度(I)、降雨侵蚀力(R)进行回归分析可知，层泥沙淤积量与侵蚀性降雨的 4 个指标中的 R、I_{30}、P 的相关性较好。据此分别绘制和拟合了侵蚀性降雨的 I_{30}、R 和 P 与层泥沙淤积量之间的函数关系，结果分别见图 4.6、图 4.7 和图 4.8。

表 4.5　花梁坝坝地淤积过程与侵蚀性降雨对应结果

淤积年份	最大 30min 降雨强度 I_{30}/(mm/min)	降雨量 P/mm	平均降雨强度 I /(mm/min)	降雨侵蚀力 R /(mm²/min)	层泥沙淤积量/万 t	淤积层厚度/m	淤积层数
1973	0.295	16.90	0.121	4.981	0.343	0.100	1
1973	0.255	30.60	0.042	7.803	0.584	0.160	2
1974	0.331	29.00	0.105	9.606	0.241	0.065	3
1974	0.455	77.10	0.232	35.059	2.070	0.860	4
1975	0.400	18.60	0.067	7.440	0.419	0.100	5
1976	0.396	18.70	0.328	7.400	0.307	0.080	6
1977	0.610	82.20	0.182	50.142	3.081	0.880	7
1977	0.534	29.00	0.261	15.487	0.889	0.210	8
1978	0.347	98.20	0.132	34.043	1.424	0.390	9
1978	0.714	20.00	0.714	14.286	0.655	0.160	10
1978	0.252	31.60	0.075	7.953	0.448	0.090	11
1978	0.444	36.10	0.146	16.019	0.556	0.150	12
1978	0.335	51.20	0.098	17.152	0.889	0.190	13
1979	0.447	31.30	0.079	13.998	0.569	0.140	14
1979	0.328	30.40	0.290	9.979	0.560	0.150	15

续表

淤积 年份	最大 30min 降雨强度 I_{30}/(mm/min)	降雨量 P/mm	平均降雨强度 I /(mm/min)	降雨侵蚀力 R /(mm²/min)	层泥沙淤积 量/万 t	淤积层厚 度/m	淤积 层数
1979	0.205	77.90	0.068	15.970	0.442	0.080	16
1980	0.210	30.60	0.082	6.426	0.283	0.070	17
1980	0.305	23.20	0.107	7.076	0.520	0.130	18
1980	0.588	15.40	0.068	9.048	0.595	0.120	19
1980	0.247	21.20	0.077	5.238	0.119	0.030	20
1981	0.300	87.90	0.047	26.370	0.891	0.180	21
1981	0.307	21.10	0.141	6.483	0.511	0.130	22
1982	0.405	95.20	0.115	38.556	2.348	0.560	23
1986	0.427	27.20	0.302	11.605	0.483	0.110	24
1987	0.932	91.30	0.207	85.061	6.566	1.450	25

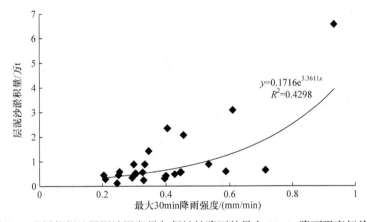

图 4.6 花梁坝坝地层泥沙淤积量与侵蚀性降雨的最大 30min 降雨强度相关性

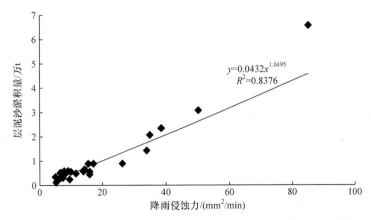

图 4.7 花梁坝坝地层泥沙淤积量与侵蚀性降雨的降雨侵蚀力相关性

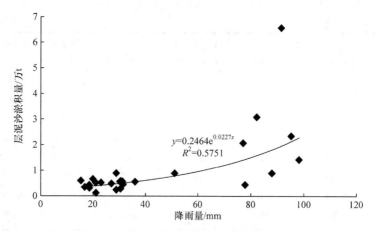

图 4.8　花梁坝坝地层泥沙淤积量与侵蚀性降雨的降雨量相关性

由图 4.6 可知，拟合的典型淤地坝坝地层泥沙淤积量与侵蚀性降雨的最大 30min 降雨强度的相关方程为

$$y = 0.1716e^{3.3611x}, \quad R^2 = 0.4298 \tag{4.4}$$

式中，y 为典型淤地坝坝地层泥沙淤积量，单位为 t；x 为侵蚀性降雨的最大 30min 降雨强度，单位为 mm/min；相关系数 R 为 0.6556。

由图 4.7 可知，拟合的典型淤地坝坝地层泥沙淤积量与侵蚀性降雨的降雨侵蚀力的相关方程为

$$y = 0.0432x^{1.0495}, \quad R^2 = 0.8376 \tag{4.5}$$

式中，y 为典型淤地坝坝地层泥沙淤积量，单位为 t；x 为侵蚀性降雨的降雨侵蚀力，单位为 mm²/min；相关系数 R 为 0.9152。

由图 4.8 可知，拟合的典型淤地坝坝地层泥沙淤积量与侵蚀性降雨的降雨量相关方程为

$$y = 0.2464e^{0.0227x}, \quad R^2 = 0.5751 \tag{4.6}$$

式中，y 为典型淤地坝坝地层泥沙淤积量，单位为 t；x 为侵蚀性降雨的降雨量，单位为 mm；相关系数 R 为 0.7584。

在侵蚀性降雨与典型淤地坝坝地层泥沙淤积量对应过程中，考虑的侵蚀性降雨的指标有四个，即最大 30min 降雨强度、降雨量、平均降雨强度、降雨侵蚀力，因此要综合考虑多因子的影响，建立层泥沙淤积量和侵蚀性降雨四个指标之间的多元回归分析。结果表明，典型淤地坝坝地层泥沙淤积量与侵蚀性降雨的最大 30min 降雨强度、降雨量复相关系数为 0.893；层泥沙淤积量与侵蚀性降雨的最大 30min 降雨强度、平均降雨强度的复相关系数为 0.802；层泥沙淤积量与平均降雨强度、降雨侵蚀力的复相关系数为 0.971；层泥沙淤积量与次侵蚀性降雨的最大

30min 降雨强度、降雨侵蚀力的复相关系数为 0.975；层泥沙淤积量与侵蚀性降雨的平均降雨强度、降雨侵蚀力的复相关系数为 0.682；层泥沙淤积量与侵蚀性降雨的降雨量、降雨侵蚀力的复相关系数为 0.989。

　　上述双因子回归分析结果经 F 检验和 t 检验均为显著，其置信度都为 95%，并且对比分析可以得出，层泥沙淤积量与侵蚀性降雨的降雨量、降雨侵蚀力的复相关系数最大(0.989)，层泥沙淤积量与侵蚀性降雨的最大 30min 降雨强度、降雨侵蚀力的复相关系数次之(0.975)。因此，层泥沙淤积量与侵蚀性降雨的降雨侵蚀力、最大 30min 降雨强度和降雨量之间有显著的相关性，即最大 30min 降雨强度、降雨侵蚀力和降雨量是影响降雨侵蚀产沙量的主要因素。为此，将花梁坝坝地层泥沙淤积量和侵蚀性降雨的这 3 个因子进行具体分析，结果见表 4.6～表 4.8。表 4.6 为花梁坝坝地淤积过程的三因子回归统计表，其中，复相关系数用来衡量自变量与因变量之间相关程度的大小。由表 4.6 可知，复相关系数为 0.993，表明这三个因子与层泥沙淤积量之间的关系为高度正相关。决定系数是复相关系数的平方，用来说明自变量解释因变量变差的程度。表 4.6 中的决定系数为 0.985，表明用自变量可解释因变量变差的 98.5%。调整后的决定系数为 0.983，说明自变量能解释因变量的 98.3%，剩余 1.7%要由其他因素来解释。表 4.7 为花梁坝坝地淤积过程的三因子方差分析表，由表可知，F 显著性统计量的 P 值为 2.17721×10^{-19}，小于显著性水平 0.05，因此该回归方程效果显著。表 4.8 为花梁坝坝地淤积过程的三因子回归曲线系数及置信度区间表，据此可得出估算花梁坝坝地层泥沙淤积量与侵蚀性降雨的最大 30min 降雨强度、降雨侵蚀力和降雨量三因子的回归方程。利用建立的坝地层泥沙淤积量与侵蚀性降雨的最大 30min 降雨强度、降雨侵蚀力和降雨量三个因子间的三元一次回归方程对花梁坝坝控流域的泥沙量进行预测，预测的层泥沙淤积量与实测层泥沙淤积量的对比如图 4.9 所示。由图 4.9 可知，所建立的模型具有较高的精度和可靠性，可以对坝控流域侵蚀性降雨的侵蚀产沙量进行预测。

表 4.6　花梁坝坝地淤积过程的三因子回归统计表

指标	复相关系数	决定系数	调整后的决定系数	标准误差	观测值
数值	0.993	0.985	0.983	0.176	25

表 4.7　花梁坝坝地淤积过程的三因子方差分析表

类型	自由度	离差平方和	均方	F 值	P 值
回归分析	3	43.314	14.4378	468.5725	2.17721×10^{-19}
残差	21	0.647	0.0308		
总计	24	43.961			

表 4.8　花梁坝坝地淤积过程的三因子回归曲线系数及置信度区间表

指标	系数	标准误差	t 统计量值	P 值	95%下限	95%上限
截距	0.584	0.18967	3.080	0.005677	0.190	0.979
P	−1.483	0.44933	−3.300	0.003414	−2.417	−0.548
I_{30}	−0.023	0.00317	−7.121	5.05×10^{-7}	−0.029	−0.016
PI_{30}	0.110	0.00669	16.370	1.97×10^{-13}	0.096	0.123

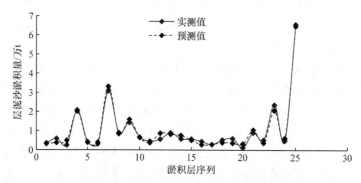

图 4.9　花梁坝坝地层泥沙淤积量实测值和预测值的比较

4.3.3　关地沟 3 号坝坝地淤积过程与侵蚀性降雨响应

根据淤地坝层泥沙淤积量与侵蚀性降雨的响应原理，将王茂沟流域关地沟 3 号坝的侵蚀性降雨与层泥沙淤积量进行一一对应。表 4.9 给出了关地沟 3 号坝坝地淤积过程与侵蚀性降雨对应结果。通过对每个淤积层的泥沙淤积量和侵蚀性降雨的 4 个指标，最大 30min 降雨强度(I_{30})、降雨量(P)、平均降雨强度(I)、降雨侵蚀力(R)进行回归分析可知，关地沟 3 号坝的坝地层泥沙淤积量与侵蚀性降雨特性指标的 R、I_{30}、P 有较好的相关关系，其中层泥沙淤积量与侵蚀性降雨的降雨侵蚀力相关性最好。据此绘制并拟合了 I_{30}、R、P 与层泥沙淤积量之间的相关关系，结果分别见图 4.10、图 4.11 和图 4.12。

表 4.9　关地沟 3 号坝坝地淤积过程与侵蚀性降雨对应结果

淤积年份	最大 30min 降雨强度 I_{30}/(mm/min)	降雨量 P/mm	降雨侵蚀力 R/(mm²/min)	层泥沙淤积量/t	淤积层厚度 /m	淤积层数
1959	0.271	62.2	16.863	140	0.029	1
1961	0.370	58.9	22.170	130	0.026	2
1961	0.269	64.9	17.453	180	0.037	3
1961	0.289	53.0	15.330	190	0.039	4
1963	0.262	23.4	6.132	160	0.033	5
1963	0.270	66.3	17.925	210	0.042	6
1963	0.629	95.1	59.906	840	0.170	7

续表

淤积年份	最大30min降雨强度 I_{30}/(mm/min)	降雨量 P/mm	降雨侵蚀力 R/(mm²/min)	层泥沙淤积量/t	淤积层厚度 /m	淤积层数
1964	0.583	147.0	65.330	1370	0.285	8
1969	0.750	46.5	34.434	720	0.150	9
1971	0.261	51.0	13.326	540	0.115	10
1973	0.256	46.1	11.793	190	0.040	11
1974	0.252	57.1	14.387	130	0.028	12
1977	0.257	22.9	5.896	120	0.026	13
1980	0.253	24.7	6.486	50	0.010	14
1981	0.264	42.0	11.085	90	0.019	15
1981	0.263	60.9	16.038	120	0.026	16
1982	0.266	52.6	13.797	70	0.015	17
1982	0.253	134.2	33.962	300	0.068	18
1983	0.262	81.6	21.344	170	0.040	19
1984	0.252	88.5	22.288	90	0.022	20
1984	0.781	83.6	65.211	980	0.235	21
1985	0.640	131.7	84.434	2050	0.490	22
1985	0.552	134.2	83.726	3090	0.738	23
1986	0.257	25.2	6.466	210	0.050	24
1986	0.640	131.7	84.434	2380	0.616	25
1986	0.329	13.3	4.363	190	0.050	26
1986	0.654	136.0	88.326	1850	0.540	27
1987	1.551	18.7	28.656	770	0.225	28
1987	0.541	130.6	70.401	970	0.283	29
1987	0.431	89.2	38.323	760	0.220	30
1987	0.953	70.1	66.627	1440	0.420	31

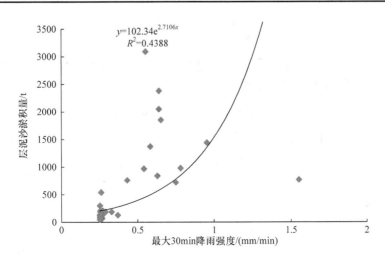

图 4.10　关地沟 3 号坝坝地层泥沙淤积量与侵蚀性降雨的最大 30min 降雨强度相关性

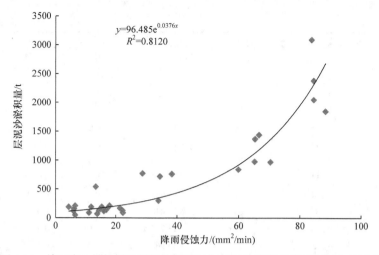

图 4.11　关地沟 3 号坝坝地层泥沙淤积量与侵蚀性降雨的降雨侵蚀力相关性

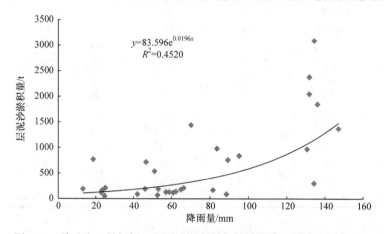

图 4.12　关地沟 3 号坝坝地层泥沙淤积量与侵蚀性降雨的降雨量相关性

由图 4.10 可知，拟合的关地沟 3 号淤地坝坝地层泥沙淤积量与侵蚀性降雨的最大 30min 降雨强度的相关方程为

$$y = 102.34e^{2.7106x}, \quad R^2 = 0.4388 \tag{4.7}$$

式中，y 为关地沟 3 号坝坝地层泥沙淤积量，单位为 t；x 为最大 30min 降雨强度，单位为 mm/min；相关系数 R 为 0.6624。

由图 4.11 可知，拟合关地沟 3 号淤地坝坝地层泥沙淤积量与侵蚀性降雨的降雨侵蚀力的相关方程为

$$y = 96.485e^{0.0376x}, \quad R^2 = 0.8120 \tag{4.8}$$

式中，y 为关地沟 3 号坝坝地层泥沙淤积量，单位为 t；x 为降雨侵蚀力，单位为

mm²/min；相关系数 R 为 0.9011。

由图 4.12 可知，拟合关地沟 3 号淤地坝坝地层泥沙淤积量与侵蚀性降雨的降雨量相关方程为

$$y = 83.596e^{0.0196x}, \quad R^2 = 0.4520 \tag{4.9}$$

式中，y 为关地沟 3 号坝坝地层泥沙淤积量，单位为 t；x 为降雨量，单位为 mm；相关系数 R 为 0.6723。

在侵蚀性降雨与典型淤地坝坝地层泥沙淤积量的对应过程中，考虑的侵蚀性降雨的指标有四个，最大 30min 降雨强度、降雨量、平均降雨强度、降雨侵蚀力，因此要综合考虑多因子的影响，建立层泥沙淤积量与侵蚀性降雨的四个指标之间的多元回归分析。结果表明，典型淤地坝的坝地层泥沙淤积量与侵蚀性降雨的降雨侵蚀力、最大 30min 降雨强度、降雨量之间有显著的相关关系，最大 30min 降雨强度、降雨侵蚀力和降雨量是影响产沙量的主要因素。从式(4.7)、式(4.8)和式(4.9)可知，关地沟 3 号坝的坝地层泥沙淤积量与侵蚀性降雨的降雨侵蚀力的相关系数最高，为 0.9011；与侵蚀性降雨的降雨量的相关系数次之，为 0.6723；与侵蚀性降雨的最大 30min 降雨强度的相关系数最小，为 0.6624。因此，将关地沟 3 号坝坝地层泥沙淤积量与侵蚀性降雨的这 3 个指标进行具体分析，结果见表 4.10～4.12。表 4.10 为关地沟 3 号坝坝地淤积过程的三因子回归统计表，其中，复相关系数为 0.918，表明降雨侵蚀力、最大 30min 降雨强度、降雨量与层泥沙淤积量间高度正相关。决定系数用以说明自变量解释因变量变差的程度，以检验因变量的拟合效果。表 4.10 中决定系数为 0.843，表明用自变量可解释因变量变差的 84.3%。调整后的决定系数为 0.825，说明自变量能解释因变量的 82.5%，剩余 17.5%要由其他因素来解释。表 4.11 为关地沟 3 号坝坝地淤积过程的三因子方差分析表，F 显著性统计量的 P 值为 5.64137×10^{-11}，小于显著性水平 0.05，说明该回归方程效果显著。表 4.12 为关地沟 3 号坝坝地淤积过程的三因子回归曲线系数及置信度区间表，据此可得出估算关地沟 3 号坝坝地层泥沙淤积量与侵蚀性降雨的最大 30min 降雨强度、降雨侵蚀力和降雨量三因子的回归方程。利用建立的坝地层泥沙淤积量与最大 30min 降雨强度、降雨侵蚀力和降雨量三个因子的三元一次回归方程对关地沟 3 号坝坝控流域的泥沙量进行预测，层泥沙淤积量的预测值与实测值对比如图 4.13 所示。

表 4.10　关地沟 3 号坝坝地淤积过程的三因子回归统计表

指标	复相关系数	决定系数	调整后的决定系数	标准误差	观测值
数值	0.918	0.843	0.825	326.517	31

表 4.11　关地沟 3 号坝坝地淤积过程的三因子方差分析表

类型	自由度	离差平方和	均方	F 值	P 值
回归分析	3	15419580.47	5139860.158	48.21016162	5.64137×10^{-11}
残差	27	2878567.91	106613.626		
总计	30	18298148.39			

表 4.12　关地沟 3 号坝坝地淤积过程的三因子回归曲线系数及置信度区间表

指标	系数	标准误差	t 统计量值	P 值	95%下限	95%上限
截距	90.119	206.800	0.436	0.666	−334.200	514.437
I_{30}	−313.616	336.996	−0.931	0.360	−1005.075	377.842
P	−6.326	3.648	−1.734	0.094	−13.812	1.159
PI_{30}	34.620	6.220	5.566	0.000	21.858	47.381

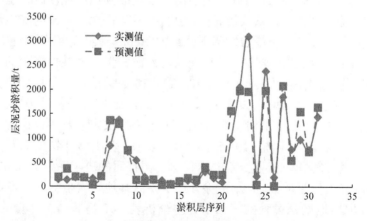

图 4.13　关地沟 3 号坝坝地层泥沙淤积量实测值和预测值的比较

4.3.4　关地沟 4 号坝坝地淤积过程与侵蚀性降雨响应

同理，根据典型淤地坝层泥沙淤积量与侵蚀性降雨的响应原理，将王茂沟流域关地沟 4 号坝的层泥沙淤积量与侵蚀性降雨进行一一对应。表 4.13 给出了关地沟 4 号坝坝地淤积过程与侵蚀性降雨对应结果。通过对每个淤积层的泥沙淤积量和侵蚀性降雨指标，最大 30min 降雨强度(I_{30})、降雨量(P)、平均降雨强度(I)、降雨侵蚀力(R)进行回归分析可知，坝地层泥沙淤积量与侵蚀性降雨的 R、I_{30}、P 有较好的相关关系。据此绘制并拟合了侵蚀性降雨的 I_{30}、R、P 与层泥沙淤积量的相关关系，分别见图 4.14、图 4.15 和图 4.16。

表 4.13　关地沟 4 号坝坝地淤积过程与侵蚀性降雨对应结果

淤积年份	最大 30min 降雨强度 I_{30}/(mm/min)	降雨量 P/mm	降雨侵蚀力 R/(mm²/min)	层泥沙淤积量/t	淤积层厚度 /m	淤积层数
1961	0.272	62.2	16.861	625	0.022	1
1961	0.252	23.1	5.814	1080	0.038	2
1961	0.256	46.0	11.773	1136	0.040	3
1963	0.270	15.6	4.215	881	0.031	4
1963	0.333	13.1	4.360	1335	0.047	5
1963	0.266	23.5	6.250	1136	0.040	6
1963	0.260	25.2	6.541	966	0.034	7
1963	1.550	18.3	28.634	7671	0.270	8
1964	0.781	83.8	65.407	9092	0.320	9
1964	0.852	40.4	34.448	5682	0.200	10
1966	0.260	51.0	13.372	2756	0.097	11
1966	0.290	53.1	15.407	1108	0.039	12
1969	0.371	59.1	21.948	1080	0.040	13
1971	0.251	57.2	14.390	945	0.035	14
1973	0.252	24.8	6.395	405	0.015	15
1973	0.261	41.8	10.901	675	0.025	16
1973	0.262	61.0	15.988	810	0.030	17
1974	0.264	52.8	13.954	486	0.018	18
1977	0.252	134.0	24.012	2431	0.090	19
1977	0.264	81.6	21.512	1539	0.057	20
1980	0.251	88.4	22.238	810	0.030	21
1981	0.539	130.7	70.640	6563	0.243	22
1982	0.651	135.7	88.227	11624	0.454	23
1983	0.551	134.0	73.837	20996	0.820	24
1984	0.272	66.2	18.023	1920	0.075	25
1985	0.639	131.9	84.302	14082	0.550	26
1986	0.268	65.1	17.442	1229	0.048	27
1986	0.950	69.9	66.715	9148	0.378	28
1987	0.431	89.3	38.517	5494	0.227	29
1987	0.632	94.9	60.029	6446	0.252	30
1987	0.752	46.4	34.738	5300	0.219	31
1987	0.580	146.9	85.465	13166	1.650	32

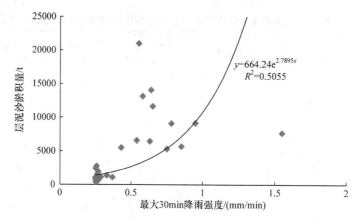

图 4.14　关地沟 4 号坝坝地层泥沙淤积量与侵蚀性降雨的最大 30min 降雨强度相关性

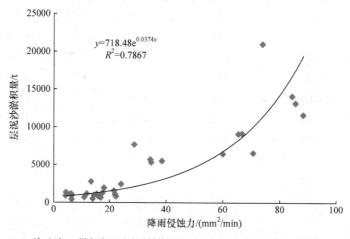

图 4.15　关地沟 4 号坝坝地层泥沙淤积量与侵蚀性降雨的降雨侵蚀力相关性

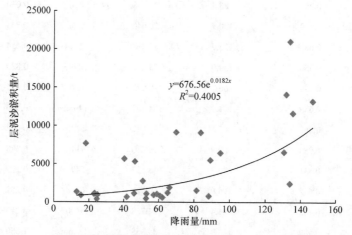

图 4.16　关地沟 4 号坝坝地层泥沙淤积量与侵蚀性降雨的降雨量相关性

由图 4.14 可知，拟合的关地沟 4 号坝坝地层泥沙淤积量与侵蚀性降雨的最大 30min 降雨强度的相关方程为

$$y = 664.24e^{2.7895x}, \quad R^2 = 0.5055 \tag{4.10}$$

式中，y 为坝地层泥沙淤积量，单位为 t；x 为最大 30min 降雨强度，单位为 mm/min；相关系数 R 为 0.7110。

由图 4.15 可知，拟合的关地沟 4 号坝坝地层泥沙淤积量与侵蚀性降雨的降雨侵蚀力的相关方程为

$$y = 718.48e^{0.0374x}, \quad R^2 = 0.7867 \tag{4.11}$$

式中，y 为坝地层泥沙淤积量，单位为 t；x 为降雨侵蚀力，单位为 mm²/min；相关系数 R 为 0.8870。

由图 4.16 可知，拟合的关地沟 4 号坝坝地层泥沙淤积量与侵蚀性降雨的降雨量相关方程为

$$y = 676.56e^{0.0182x}, \quad R^2 = 0.4005 \tag{4.12}$$

式中，y 为坝地层泥沙淤积量，单位为 t；x 为降雨量，单位为 mm；相关系数 R 为 0.6329。

因为在侵蚀性降雨与典型淤地坝坝地层泥沙淤积量的响应过程中，考虑的侵蚀性降雨的指标有四个，即最大 30min 降雨强度、降雨量、平均降雨强度、降雨侵蚀力，所以要综合考虑多因子的影响，建立层泥沙淤积量与侵蚀性降雨的四个指标之间的多元回归分析。结果表明，典型淤地坝的坝地层泥沙淤积量和侵蚀性降雨的降雨侵蚀力、最大 30min 降雨强度、降雨量之间有显著的相关关系，即最大 30min 降雨强度、降雨侵蚀力和降雨量是影响产沙量的主要因素。由式(4.10)、式(4.11)和式(4.12)可知，层泥沙淤积量与侵蚀性降雨的降雨侵蚀力相关系数最高，为 0.8870，层泥沙淤积量与最大 30min 降雨强度、降雨量的相关系数分别为 0.7110、0.6329。为此，将关地沟 4 号坝坝地层泥沙淤积量与侵蚀性降雨的这三个因子进行具体分析，结果见表 4.14～4.16。表 4.14 为关地沟 4 号坝坝地淤积过程的三因子回归统计表，由表 4.14 可知，复相关系数为 0.898，表明这三个因子与层泥沙淤积量之间高度正相关。表 4.14 中的决定系数为 0.807，表明用自变量可解释因变量变差的 80.7%。调整后的决定系数为 0.786，说明自变量能解释因变量的 78.6%，剩余 21.4%要由其他因素来解释。表 4.15 为关地沟 4 号坝坝地淤积过程的三因子方差分析表，主要是通过 F 检验来判定回归模型的效果。表中的 F 显著性统计量的 P 值为 3.88935×10^{-10}，小于显著性水平 0.05，因此该回归方程的回归效果显著。表 4.16 为关地沟 4

号淤地坝坝地淤积过程的三因子回归曲线系数及置信度区间表，据此可估算关地沟 4 号淤地坝坝地层泥沙淤积量与最大 30min 降雨强度、降雨侵蚀力和降雨量三因子的回归方程。利用建立的坝地层泥沙淤积量与最大 30min 降雨强度、降雨侵蚀力和降雨量三个因子的三元一次回归方程对关地沟 4 号坝坝控流域的泥沙量进行预测，预测的层泥沙淤积量与实测泥沙淤积量的对比如图 4.17 所示。

表 4.14 关地沟 4 号坝坝地淤积过程的三因子回归统计表

指标	复相关系数	决定系数	调整后的决定系数	标准误差	观测值
数值	0.898	0.807	0.786	2320.844	32

表 4.15 关地沟 4 号坝坝地淤积过程的三因子方差分析表

类型	自由度	离差平方和	均方	F 值	P 值
回归分析	3	630833615.0	210277871.7	39.03927854	3.88935×10^{-10}
残差	28	150816834.4	5386315.5		
总计	31	781650449.4			

表 4.16 关地沟 4 号坝坝地淤积过程的三因子回归曲线系数及置信度区间表

类型	系数	标准误差	t 统计量值	P 值	95%下限	95%上限
截距	−1210.282	1397.456	−0.866	0.394	−4072.842	1652.277
I_{30}	2058.447	2329.091	0.884	0.384	−2712.481	6829.374
P	−5.733	24.480	−0.234	0.817	−55.878	44.413
PI_{30}	159.883	42.621	3.751	0.001	72.577	247.189

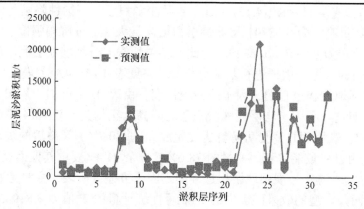

图 4.17 关地沟 4 号淤地坝坝地层泥沙淤积量实测值和预测值的比较

4.4　典型淤地坝坝地淤积过程与侵蚀性降雨响应灰色关联分析

灰色关联是灰色系统的基本概念。灰色关联是指事物之间的不确定关联，或系统因子之间、因子与主行为之间的不确定关联(刘思峰等，2014；邓聚龙，1990，1987)。灰色关联分析法的基本思路是根据各比较数列集构成的曲线族，与参考数列构成曲线之间的几何相似程度，来确定比较数列集与参考数列构成曲线的几何形状相似程度，形状越相似，其关联度越大(Wang et al.，2016)。比较数列和参考数列既可以是有时序的系列，也可以是无时序的系列。

设参考数列为 $Y_0(k)$ ，比较数列为 $Y_i(k)$ ， $i=1,2,3,\cdots,m$ ，序列长度为 N ，研究的问题在于确定 $Y_i(k)$ 与 $Y_0(k)$ 的密切程度，即求 $Y_i(k)$ 与 $Y_0(k)$ 序列的关联度。由于各数列具有不同的量纲，且数量级不同，为了保证能得到正确的分析结果，首先应对原始数据进行初值化处理。

将各数列中每一个数均除以各自对应数列中的第一个数，这样就得到相应的新数列：

$$x_i(k)=\frac{Y_i(k)}{Y_i(1)}, \quad x_0(k)=\frac{Y_0(k)}{Y_0(1)} \tag{4.13}$$

关联度的实质是曲线间几何形状的差别，因此可以将曲线间差值的大小作为关联度的衡量尺度。定义点关联系数的计算公式为

$$\xi_i(k)=\gamma\left[x_0(k),x_i(k)\right]=\frac{\min\limits_{i}\min\limits_{k}\left|x_0(k)-x_i(k)\right|+\rho\max\limits_{i}\max\limits_{k}\left|x_0(k)-x_i(k)\right|}{\left|x_0(k)-x_i(k)\right|+\rho\max\limits_{i}\max\limits_{k}\left|x_0(k)-x_i(k)\right|}$$

$$\tag{4.14}$$

式中， $\xi_i(k)$ 为 k 时刻比较曲线 x_i 对参考曲线 x_0 的相对差值，这种形式的相对差值称为 x_i 对 x_0 在 k 时刻的关联系数； ρ 为分辨系数，取值一般为0～1，这里取 $\rho=0.5$ ； $\min\limits_{i}\min\limits_{k}\left|x_0(k)-x_i(k)\right|$ 称为两级最小差，第一级最小差 $\Delta_i(\min)=\min\limits_{k}\left|x_0(k)-x_i(k)\right|$ 是指在绝对值 $\left|x_0(k)-x_i(k)\right|$ 中按不同 k 值找出的其中最小差，第二级最小差 $\min\limits_{i}(\Delta_i(\min))=\min\limits_{i}(\min\limits_{k}\left|x_0(k)-x_i(k)\right|)$ 是在 $\Delta_1(\min)$ ， $\Delta_2(\min)$ ，$\cdots$， $\Delta_n(\min)$ 中选的最小差； $\max\limits_{i}\max\limits_{k}\left|x_0(k)-x_i(k)\right|$ 是两级最大差，其算法将两级最小差的求法改为选最大差即可。

基于关联系数计算公式，根据灰关联空间所述，关联度的计算公式如下：

$$\gamma_{0i} = \gamma\left(x_0, x_i\right) = \frac{1}{n}\sum_{k=1}^{n}\gamma\left[x_0(k), x_i(k)\right] \tag{4.15}$$

将 $\gamma\left[x_0(k), x_i(k)\right]$ 用 $\xi_i(k)$ 代替，用 γ_i 代替 γ_{0i}，则关联度计算公式如下：

$$\gamma_1 = \frac{1}{n}\sum_{k=1}^{n}\xi_i(k) \tag{4.16}$$

由本书 4.3 节的分析可知，对于四座典型淤地坝，坝地分层淤积量与侵蚀性降雨四个指标中的最大 30min 降雨强度、降雨量、降雨侵蚀力三者关系较密切，和侵蚀性降雨的平均降雨强度关系不密切。因此，在运用灰色关联分析法进行坝地淤积量与侵蚀性降雨各指标之间的灰色关联分析时，只考虑最大 30min 降雨强度、降雨量、降雨侵蚀力三个关系较密切的因素(魏霞等，2007a，2007b)。

4.4.1　石畔峁坝坝地淤积过程与侵蚀性降雨灰色关联分析

选择石畔峁坝坝地层淤积量 $Y_0(k)$ 为参考序列，最大 30min 降雨强度 I_{30} 数列 $Y_1(k)$、降雨量 P 数列 $Y_2(k)$、降雨侵蚀力 R 数列 $Y_3(k)$ 作为比较序列。由式(4.13)将原始数据系列进行初值化处理，其计算结果见表 4.17。由式(4.14)可以计算出石畔峁坝比较数列 x_1、x_2、x_3 对 x_0 的关联系数，见表 4.18。由式(4.15)和式(4.16)可以计算出 x_1、x_2、x_3 对 x_0 的关联度 γ_i，$\gamma_1 = \frac{1}{21}\sum_{k=1}^{21}\xi_1(k) = 0.681$。同理可得 $\gamma_2 = 0.800$，$\gamma_3 = 0.863$。x_3 与 x_0 的关联度最大，$\gamma_3 = 0.863$，即降雨侵蚀力是与坝地泥沙淤积量的发展趋势最接近的因素，降雨量次之，最大 30min 降雨强度对坝地泥沙淤积量的影响最小。从关联度的计算结果可以看出降雨侵蚀力对坝地泥沙淤积量的影响最大，降雨量次之，最大 30min 降雨强度相对影响较小。

表 4.17　石畔峁坝坝地淤积过程与侵蚀性降雨指标初值化数据

淤积层数	$x_0(k)$	$x_1(k)$	$x_2(k)$	$x_3(k)$	淤积层数	$x_0(k)$	$x_1(k)$	$x_2(k)$	$x_3(k)$
1	1.000	1.000	1.000	1.000	12	2.188	2.798	0.968	2.705
2	3.440	2.876	0.489	1.404	13	1.350	2.450	0.320	0.784
3	0.547	2.101	0.344	0.722	14	0.469	1.367	0.220	0.300
4	0.891	1.518	0.342	0.518	15	0.778	2.541	0.184	0.466
5	1.854	2.087	0.908	1.891	16	0.493	1.592	1.157	1.836
6	0.456	1.835	0.219	0.401	17	1.992	3.275	0.478	1.564
7	0.216	1.528	0.217	0.331	18	1.844	2.037	0.503	1.022
8	0.218	1.303	0.172	0.224	19	0.764	1.537	0.603	0.925
9	0.268	1.817	0.220	0.399	20	0.784	2.050	0.369	0.755
10	0.105	1.569	0.297	0.464	21	0.339	1.505	0.216	0.324
11	0.427	0.904	0.669	0.603					

表 4.18　石畔峁坝侵蚀性降雨指标关联系数计算结果

淤积层数	$\xi_1(k)$	$\xi_2(k)$	$\xi_3(k)$	淤积层数	$\xi_1(k)$	$\xi_2(k)$	$\xi_3(k)$
1	1.000	1.000	1.000	12	0.755	0.606	0.784
2	0.769	0.389	0.480	13	0.631	0.646	0.768
3	0.547	0.902	0.915	14	0.676	0.883	0.918
4	0.749	0.774	0.834	15	0.516	0.760	0.858
5	0.889	0.665	0.980	16	0.631	0.739	0.583
6	0.576	0.888	0.972	17	0.594	0.554	0.815
7	0.589	1.000	0.943	18	0.907	0.583	0.696
8	0.634	0.976	0.997	19	0.708	0.921	0.921
9	0.548	0.975	0.935	20	0.597	0.819	0.985
10	0.562	0.907	0.839	21	0.617	0.938	0.992
11	0.798	0.886	0.914				

4.4.2　花梁坝坝地淤积过程与侵蚀性降雨灰色关联分析

选择坝地层泥沙淤积量 $Y_0(k)$ 为参考序列，最大 30min 降雨强度 I_{30} 数列 $Y_1(k)$、降雨量 P 数列 $Y_2(k)$、降雨侵蚀力 R 数列 $Y_3(k)$ 作为比较序列，由式(4.13) 将原始数据系列进行初值化处理，其计算结果见表 4.19。由式(4.14)可以计算出花梁坝 x_1、x_2、x_3 对 x_0 的关联系数见表 4.20。由式(4.15)和式(4.16)可以计算出 x_1、x_2、x_3 对 x_0 的关联度 γ_i，$\gamma_1 = \dfrac{1}{25}\sum_{k=1}^{25}\xi_1(k)=0.876$，同理可得 $\gamma_2 = 0.890$，$\gamma_3 = 0.911$。x_3 与 x_0 的关联度最大，$\gamma_3 = 0.911$，说明对于花梁坝，降雨侵蚀力是与坝地泥沙淤积量的发展趋势最接近的因素，降雨量次之，最大 30min 降雨强度对坝地泥沙淤积量的影响最小。从关联度的计算结果可以看出，降雨侵蚀力对坝地泥沙淤积量的影响最大，降雨量次之，最大 30min 降雨强度和平均降雨强度相对影响较小。

表 4.19　花梁坝坝地淤积过程与侵蚀性降雨指标初值化数据

淤积层数	$x_0(k)$	$x_1(k)$	$x_2(k)$	$x_3(k)$	淤积层数	$x_0(k)$	$x_1(k)$	$x_2(k)$	$x_3(k)$
1	1.000	1.000	1.000	1.000	9	4.152	1.176	5.811	6.835
2	1.703	0.864	1.811	1.567	10	1.910	2.420	1.183	2.868
3	0.703	1.122	1.716	1.929	11	1.306	0.854	1.870	1.597
4	6.035	1.542	4.562	7.039	12	1.621	1.505	2.136	3.216
5	1.222	1.356	1.101	1.494	13	2.592	1.136	3.030	3.443
6	0.895	1.342	1.107	1.486	14	1.659	1.515	1.852	2.810
7	8.983	2.068	4.864	10.067	15	1.633	1.112	1.799	2.003
8	2.592	1.810	1.716	3.109	16	1.289	0.695	4.609	3.206

续表

淤积层数	$x_0(k)$	$x_1(k)$	$x_2(k)$	$x_3(k)$	淤积层数	$x_0(k)$	$x_1(k)$	$x_2(k)$	$x_3(k)$
17	0.825	0.712	1.811	1.290	22	1.490	1.041	1.249	1.302
18	1.516	1.034	1.373	1.421	23	6.845	1.373	5.633	7.741
19	1.735	1.993	0.911	1.817	24	1.408	1.447	1.609	2.330
20	0.347	0.837	1.254	1.052	25	19.143	3.159	5.402	17.077
21	2.598	1.017	5.201	5.294					

表 4.20　花梁坝侵蚀性降雨指标关联系数计算结果

淤积层数	$\xi_1(k)$	$\xi_2(k)$	$\xi_3(k)$	淤积层数	$\xi_1(k)$	$\xi_2(k)$	$\xi_3(k)$
1	1.000	1.000	1.000	14	0.984	0.978	0.883
2	0.912	0.988	0.985	15	0.944	0.981	0.959
3	0.954	0.896	0.877	16	0.936	0.724	0.820
4	0.660	0.855	0.897	17	0.987	0.898	0.949
5	0.985	0.986	0.970	18	0.948	0.984	0.989
6	0.951	0.976	0.937	19	0.971	0.914	0.991
7	0.558	0.679	0.889	20	0.947	0.906	0.925
8	0.918	0.909	0.944	21	0.846	0.770	0.764
9	0.746	0.840	0.765	22	0.951	0.973	0.979
10	0.945	0.923	0.901	23	0.614	0.878	0.907
11	0.951	0.939	0.968	24	0.996	0.977	0.904
12	0.987	0.944	0.845	25	0.353	0.388	0.808
13	0.857	0.952	0.911				

4.4.3　关地沟 3 号坝坝地淤积过程与侵蚀性降雨灰色关联分析

选择关地沟 3 号坝坝地层泥沙淤积量 $Y_0(k)$ 为参考序列，最大 30min 降雨强度 I_{30} 数列 $Y_1(k)$、降雨量 P 数列 $Y_2(k)$、降雨侵蚀力 R 数列 $Y_3(k)$ 作为比较序列。由式(4.13)将原始数据系列进行初值化处理，其计算结果见表 4.21。由式(4.14)可以计算出关地沟 3 号坝 x_1、x_2、x_3 对 x_0 的关联系数见表 4.22。由式(4.15)和式(4.16)可以计算出 x_1、x_2、x_3 对 x_0 的关联度 γ_i，$\gamma_1 = \dfrac{1}{31}\sum\limits_{k=1}^{31}\xi_1(k)=0.827$。同理可得 $\gamma_2 = 0.805$，$\gamma_3 = 0.816$。x_1 与 x_0 的关联度最大，$\gamma_1 = 0.827$，即最大 30min 降雨强度是与关地沟 3 号坝坝地泥沙淤积量的发展趋势最接近的因素，降雨侵蚀力次之，降雨量对坝地泥沙淤积量的影响最小。从关联度的计算结果可以看出最大 30min 降雨强度对坝地泥沙淤积量的影响最大，降雨侵蚀力次之，降雨量相对影响较小。

表 4.21 关地沟 3 号坝坝地淤积过程与侵蚀性降雨指标初值化数据

淤积层数	$x_0(k)$	$x_1(k)$	$x_2(k)$	$x_3(k)$	淤积层数	$x_0(k)$	$x_1(k)$	$x_2(k)$	$x_3(k)$
1	1.000	1.000	1.000	1.000	17	0.500	0.983	0.845	0.818
2	0.929	1.365	0.946	1.315	18	2.143	0.934	2.155	2.014
3	1.286	0.992	1.043	1.035	19	1.214	0.966	1.310	1.266
4	1.357	1.067	0.852	0.909	20	0.643	0.929	1.422	1.322
5	1.143	0.969	0.375	0.364	21	7.000	2.884	1.343	3.867
6	1.500	0.998	1.065	1.063	22	14.643	2.364	2.116	5.007
7	6.000	2.323	1.527	3.552	23	22.071	2.039	2.155	4.965
8	9.786	2.153	2.361	3.874	24	1.500	0.947	0.404	0.383
9	5.143	2.770	0.747	2.042	25	17.000	2.364	2.116	5.007
10	3.857	0.965	0.819	0.790	26	1.357	1.215	0.213	0.259
11	1.357	0.945	0.740	0.699	27	13.214	2.412	2.184	5.238
12	0.929	0.931	0.917	0.853	28	5.500	5.726	0.300	1.699
13	0.857	0.950	0.368	0.350	29	6.929	1.998	2.097	4.175
14	0.357	0.934	0.397	0.385	30	5.429	1.592	1.433	2.273
15	0.643	0.974	0.675	0.657	31	10.286	3.517	1.126	3.951
16	0.857	0.972	0.978	0.951					

表 4.22 关地沟 3 号坝侵蚀性降雨指标关联系数计算结果

淤积层数	$\xi_1(k)$	$\xi_2(k)$	$\xi_3(k)$	淤积层数	$\xi_1(k)$	$\xi_2(k)$	$\xi_3(k)$
1	1.000	1.000	1.000	17	0.954	0.967	0.964
2	0.958	0.998	0.957	18	0.892	0.999	0.985
3	0.972	0.976	0.972	19	0.976	0.990	0.994
4	0.972	0.952	0.950	20	0.972	0.927	0.926
5	0.983	0.928	0.917	21	0.709	0.638	0.732
6	0.952	0.958	0.951	22	0.449	0.443	0.470
7	0.731	0.690	0.778	23	0.333	0.333	0.333
8	0.568	0.573	0.591	24	0.948	0.901	0.885
9	0.808	0.694	0.734	25	0.406	0.401	0.416
10	0.776	0.766	0.736	26	0.986	0.897	0.886
11	0.960	0.942	0.929	27	0.481	0.474	0.517
12	1.000	0.999	0.991	28	0.978	0.657	0.692
13	0.991	0.953	0.944	29	0.670	0.673	0.756
14	0.946	0.996	0.997	30	0.723	0.714	0.730
15	0.968	0.997	0.998	31	0.597	0.521	0.575
16	0.989	0.988	0.989				

4.4.4　关地沟 4 号坝坝地淤积过程与侵蚀性降雨灰色关联分析

选择关地沟 4 号坝坝地层泥沙淤积量 $Y_0(k)$ 为参考序列，最大 30min 降雨强度 I_{30} 数列 $Y_1(k)$、降雨量 P 数列 $Y_2(k)$、降雨侵蚀力 R 数列 $Y_3(k)$ 作为比较序列。由式(4.13)将原始数据系列进行初值化处理，其计算结果见表 4.23。由式(4.14)可以计算出关地沟 4 号坝 x_1、x_2、x_3 对 x_0 的关联系数见表 4.24。由式(4.15)和式(4.16)可以计算出 x_1、x_2、x_3 对 x_0 的关联度 γ_i，$\gamma_1 = \dfrac{1}{32}\sum\limits_{k=1}^{32}\xi_1(k) = 0.812$。同理可得 $\gamma_2 = 0.795$，$\gamma_3 = 0.802$。x_1 与 x_0 的关联度最大，$\gamma_1 = 0.812$，即最大 30min 降雨强度是与坝地泥沙淤积量的发展趋势最接近的因素，降雨侵蚀力次之，降雨量对坝地泥沙淤积量的影响最小。从关联度的计算结果可以看出最大 30min 降雨强度对坝地泥沙淤积量的影响最大，降雨侵蚀力次之，降雨量相对影响较小。

表 4.23　关地沟 4 号坝坝地淤积过程与侵蚀性降雨指标初始化数据

淤积层数	$x_0(k)$	$x_1(k)$	$x_2(k)$	$x_3(k)$	淤积层数	$x_0(k)$	$x_1(k)$	$x_2(k)$	$x_3(k)$
1	1.000	1.000	1.000	1.000	17	1.296	0.965	0.980	0.948
2	1.727	0.926	0.371	0.345	18	0.778	0.971	0.849	0.828
3	1.818	0.942	0.739	0.698	19	3.889	0.928	2.154	1.424
4	1.409	0.993	0.251	0.250	20	2.463	0.970	1.311	1.276
5	2.136	1.224	0.211	0.259	21	1.296	0.925	1.421	1.319
6	1.818	0.978	0.378	0.371	22	10.500	1.982	2.100	4.190
7	1.545	0.956	0.405	0.388	23	18.598	2.396	2.181	5.233
8	12.273	5.703	0.294	1.698	24	33.590	2.027	2.154	4.379
9	14.545	2.874	1.348	3.879	25	3.072	1.000	1.064	1.069
10	9.091	3.135	0.649	2.043	26	22.530	2.351	2.120	5.000
11	4.409	0.955	0.819	0.793	27	1.966	0.985	1.047	1.034
12	1.773	1.068	0.853	0.914	28	14.636	3.495	1.124	3.957
13	1.728	1.366	0.950	1.302	29	8.789	1.586	1.435	2.284
14	1.512	0.925	0.920	0.853	30	10.313	2.324	1.525	3.560
15	0.648	0.928	0.398	0.379	31	8.479	2.766	0.746	2.060
16	1.080	0.959	0.672	0.647	32	21.063	2.135	2.361	5.069

表 4.24　关地沟 4 号坝侵蚀性降雨指标关联系数计算结果

淤积层数	$\xi_1(k)$	$\xi_2(k)$	$\xi_3(k)$	淤积层数	$\xi_1(k)$	$\xi_2(k)$	$\xi_3(k)$
1	1.000	1.000	1.000	4	0.974	0.931	0.926
2	0.952	0.921	0.914	5	0.945	0.891	0.886
3	0.947	0.936	0.929	6	0.949	0.916	0.910

续表

淤积层数	$\xi_1(k)$	$\xi_2(k)$	$\xi_3(k)$	淤积层数	$\xi_1(k)$	$\xi_2(k)$	$\xi_3(k)$
7	0.964	0.932	0.927	20	0.914	0.932	0.925
8	0.706	0.568	0.580	21	0.977	0.992	0.998
9	0.575	0.544	0.578	22	0.649	0.652	0.698
10	0.726	0.651	0.675	23	0.493	0.489	0.522
11	0.820	0.814	0.802	24	0.333	0.333	0.333
12	0.957	0.945	0.944	25	0.884	0.887	0.879
13	0.978	0.953	0.972	26	0.439	0.435	0.454
14	0.964	0.964	0.957	27	0.941	0.945	0.940
15	0.983	0.984	0.982	28	0.586	0.538	0.578
16	0.992	0.975	0.971	29	0.687	0.681	0.692
17	0.979	0.980	0.977	30	0.664	0.641	0.684
18	0.988	0.995	0.997	31	0.734	0.670	0.695
19	0.842	0.901	0.856	32	0.455	0.457	0.477

本章通过对陕北黄土高原地区的四座典型淤地坝淤积年限内的降雨资料进行前期处理，筛选出侵蚀性降雨，然后计算各侵蚀性降雨的降雨量 P、降雨强度 I、最大 30min 降雨强度 I_{30}、降雨侵蚀力 R 这四个侵蚀性降雨指标。基于求解的各典型淤地坝坝地分层泥沙淤积量，利用黄土高原暴雨径流产沙理论，即淤积量大的淤积层对应的侵蚀性降雨各个指标也较大的"大雨对大沙"理论，将所选取的四座典型淤地坝坝地分层泥沙淤积量与其坝控流域相应雨量站的侵蚀性降雨进行一一对应。并分别建立了四座典型淤地坝坝地层泥沙淤积量与相应侵蚀性降雨的最大 30min 降雨强度 I_{30}、降雨侵蚀力 R、降雨量 P 的单因子相关关系。同时，建立了四座典型淤地坝的坝地层泥沙淤积量与最大 30min 降雨强度、降雨侵蚀力、降雨量三个侵蚀性降雨指标的三元一次回归模型，所建立的模型具有较高的精度和可靠性，可以对各座典型淤地坝相应坝控流域侵蚀性降雨的侵蚀产沙量进行预测。此外，利用灰色关联分析法，分析了上述四座典型淤地坝的坝地层泥沙淤积量与侵蚀性降雨指标中的最大 30min 降雨强度、降雨侵蚀力、降雨量三个指标的关联度，以及坝地层泥沙淤积量对三个指标的敏感程度，并建立了相关方程。研究结果对无资料地区典型淤地坝坝控流域水沙资料的反演提供了科学依据，为典型淤地坝坝控流域水土保持措施效益评价及各种水土保持措施配置合理性的评价提供了科学参考。

参 考 文 献

毕彩霞, 2013. 黄河中游皇甫川流域产沙性降雨及其对径流输沙的影响[D].杨陵: 中国科学院教育部水土保持与生态环境研究中心.

陈杰, 刘文兆, 王文龙, 等, 2009. 长武黄土高塬沟壑区降水及侵蚀性降雨特征[J]. 中国水土保持科学, 7(1): 27-31, 56.

邓聚龙, 1987. 灰色系统基本方法[M]. 武汉: 华中理工大学出版社.

邓聚龙, 1990. 灰色系统理论教程[M]. 武汉: 华中理工大学出版社.

高治定, 李文家, 李海荣, 等, 2002. 黄河流域暴雨洪水与环境变化影响研究[M]. 郑州: 黄河水利出版社.

江忠善, 李秀英, 1988. 黄土高原土壤流失预报方程中降雨侵蚀力和地形因子的研究[J]. 水土保持研究, (1): 40-45.

焦菊英, 王万忠, 郝小品, 1998. 黄土高原极强烈侵蚀(灾害性)的降雨产流产沙特征[J]. 自然灾害学报, 7(1): 78-82.

焦菊英, 王万忠, 郝小品, 1999. 黄土高原不同类型暴雨的降水侵蚀特征[J]. 干旱区资源与环境, 13(1): 34-42.

金建君, 谢云, 张科利, 2001. 不同样本序列下侵蚀性雨量标准的研究[J]. 水土保持通报, 21(2): 31-33.

李昌志, 2002. 基于GIS的流域产沙及水土保持决策支持系统研究[D]. 成都: 四川大学.

李昌志, 刘兴年, 曹叔尤, 等, 2001a. 不同沙源条件下地区前期降雨与小流域产沙关系的对比研究[J]. 水利学报, (12): 74-78.

李昌志, 刘兴年, 曹叔尤, 等, 2001b. 前期降雨与不同沙源条件小流域产沙关系的对比研究[J]. 水土保持学报, 15(6): 36-39.

李江风, 袁玉江, 由希尧, 等, 2000. 树木年轮水文学研究与应用[M]. 北京: 科学出版社.

李占斌, 1996. 黄土地区小流域次暴雨侵蚀产沙研究[J]. 西安理工大学学报, 12(3): 177-183.

李占斌, 符素华, 靳顶, 1997. 流域降雨侵蚀产沙过程水沙传递关系研究[J]. 土壤侵蚀与水土保持学报, 3(4): 44-49.

李占斌, 符素华, 鲁克新, 2001. 秃尾河流域暴雨洪水产沙特性的研究[J]. 水土保持学报, 15(2): 88-91.

梁越, 焦菊英, 2019. 黄土高原小流域产沙性降雨标准分析[J]. 中国水土保持科学, 17(3): 8-14.

刘和平, 袁爱萍, 路炳军, 等, 2007. 北京侵蚀性降雨标准研究[J]. 水土保持研究, 14(1): 215-217.

刘思峰, 杨英杰, 吴利丰, 等, 2014. 灰色系统理论及其应用[M]. 7版. 北京: 科学出版社.

马利民, 胡振国, 2002. 干旱区树轮年代学研究中的交叉定年技术[J]. 地球科学与环境学报, 24(3): 7-11.

彭梅香, 刘萍, 2000. 黄河中游地区致洪暴雨气候特征分析[J]. 气象与环境科学, 23(4): 27-28.

彭梅香, 谢莉, 陈静, 等, 2003. 黄河中游泾渭洛河近50年降水分布特征及其变化特点分析[J].陕西气象, (1):19-23.

孙家振, 董召荣, 赵波, 等, 2011. 侵蚀性降雨与土壤侵蚀关系的研究[J]. 安徽农学通报, 17(13): 133-136.

孙正宝, 陈治谏, 廖晓勇, 等, 2011. 侵蚀性降雨识别的模糊隶属度模型建立及应用[J]. 水科学进展, 22(6): 801-806.

汪邦稳, 方少文, 宋月君, 等, 2013. 赣北第四纪红壤区侵蚀性降雨强度与雨量标准的确定[J]. 农业工程学报, 29(11): 100-106.

王国庆, 陈江南, 李皓冰, 等, 2011. 暴雨产流产沙模型及其在黄土高原典型支流的应用[J]. 水土保持学报, 15(6): 40-42.

王万忠, 1983. 黄土地区降雨特性与土壤流失关系的研究[J]. 水土保持通报, 3(4): 7-13.

王万忠, 1984. 黄土地区降雨特性与土壤流失关系的研究Ⅲ——关于侵蚀性降雨标准的问题[J]. 水土保持通报, 4(2): 58-62.

王万忠, 焦菊英, 1996a. 黄土高原降雨侵蚀产沙与黄河输沙[M]. 北京: 科学出版社.

王万忠, 焦菊英, 1996b. 黄土高原坡面降雨产流产沙过程变化的统计分析[J]. 水土保持通报, 16(5): 21-28.

王万忠, 焦菊英, 郝小品, 1999. 黄土高原暴雨空间分布的不均匀性及点面关系[J]. 水科学进展, 10(2): 165-169.

王玉宽, 周佩华, 1992. 单次暴雨小流域产流产沙分布的定量研究[J]. 水土保持学报, 6(3): 36-41.

王占礼, 焦菊英, 1992. 黄土高原长历时土壤侵蚀暴雨标准初探[J]. 水土保持通报, 12(3): 25-28.

王占礼, 邵明安, 常庆瑞, 1998. 黄土高原降雨因素对土壤侵蚀的影响[J]. 西北农林科技大学学报(自然科学版), 26(4): 101-105.

魏霞, 2005. 淤地坝淤积信息与流域降雨产流产沙关系研究[D]. 西安: 西安理工大学.

魏霞, 李占斌, 李鹏, 等, 2006a. 黄土高原典型淤地坝淤积机理研究[J]. 水土保持通报, 26(6): 10-13.

魏霞, 李占斌, 李勋贵, 等, 2007a. 基于灰关联分析的坝地淤积过程与侵蚀性降雨响应研究[J]. 自然资源学报, 22(5): 842-850.

魏霞, 李占斌, 李勋贵, 等, 2007b. 淤地坝坝地淤积过程与侵蚀性降雨的灰关联分析[J]. 安全与环境学报, 7(2): 101-104.

魏霞, 李占斌, 沈冰, 等, 2006b. 陕北子洲县典型淤地坝淤积过程和降雨关系的研究[J]. 农业工程学报, 22(9): 80-84.

谢云, 刘宝元, 章文波, 2000. 侵蚀性降雨标准研究[J]. 水土保持学报, 14(4): 6-11.

张岩, 朱清科, 2006. 黄土高原侵蚀性降雨特征分析[J]. 干旱区资源与环境, 20(6): 99-103.

周佩华, 王占礼, 1987. 黄土高原土壤侵蚀雨标准[J]. 水土保持通报, 7(1): 38-43.

周佩华, 王占礼, 1992. 黄土高原土壤侵蚀暴雨的研究[J]. 水土保持学报, 6(3): 1-5.

RENARD K G, FOSTER G R, WEESIE G A, et al., 1997. Predicting Soil Erosion By Water: A Guide to Conservation Planning with the Revised Universal Soil Loss Equation (RUSLE)[Z]. United States Department of Agriculture.

WANG S L, LUO X Q, 2016. Multi-objective optimization and gray association for multi-focus image fusion[J]. Journal of Algorithms and Computational Technology, 10(2): 90-98.

WISCHMEIER W H, SMITH D D, 1978. Predicting Rainfall Erosion Losses-A Guide to Conservation Planning[Z]. United States Department of Agriculture.

XIE Y, LIU B, NEARING M A, 2002. Practical thresholds for separating erosive and non-erosive storms[J]. Transactions of the Asae, 45(6): 1843-1847.

第 5 章 基于分形理论的坝控流域水土保持措施合理性评价

黄土高原地区的水土保持与生态建设是黄河治理的根本任务，始终是党和国家长期关注的问题。20 世纪 50 年代以来，各级政府对治理水土流失给予高度重视，几十年的治理实践表明，单靠分散的单项水土保持措施很难在短时间内改变当地严重的土壤侵蚀和水土流失现状，小流域综合治理可以发挥最大的生态、社会和经济效益。因此，小流域综合治理在我国黄土高原地区得以广泛应用，也为全国和世界水土流失治理提供了典型范例(李锐，2019；李敏等，2019；唐克丽，2004)。以小流域为单元，以淤地坝建设为核心的沟道治理，能够形成流域拦截泥沙的屏障，有效减少入黄泥沙，改善区域生态环境，对实现区域高质量发展具有重要的推动作用。但由于缺乏权威和标准的综合治理效益评价方法，使得小流域综合治理评价结果存在很大的不确定性(董仁才等，2008)。因此，本章利用修建在黄土高原小流域各级沟道中的淤地坝坝地淤积泥沙记载的淤积年限内坝控流域土壤侵蚀环境变化历史，结合分形理论(fractal theory)，评价淤地坝坝控流域已有水土保持措施的合理性。

5.1 分形理论原理与方法

分形理论是 20 世纪 70 年代由法国数学家曼德尔布罗(Mandelbrot)提出来的，随后分形理论及应用被推进到一个新的高度(Mandelbrot，1983；Burrough，1981；Mandelbrot et al.，1979)。分形理论揭示了非线性系统有序和无序的统一、确定性和随机性的统一(路琴等，2009)，是描述自然界中复杂和不规则几何形体的一个有效工具(李德成等，2000)，在物理、化学、地学等学科得到广泛应用(曾志远等，1991；Turcotte，1986)，成为当今国际上许多学科的前沿研究领域之一。

分形维数是描述分形特征的一个重要参数，又称分形维或分数维，简称分维，是描述分形体的主要指标，是事物复杂程度的一种量度(方萍等，2011；龚元石等，1998)。分形维数不同，物体的复杂程度也不同(方萍等，2011；路琴等，2009)。分形维数通常用分数或小数表示(杨茂林，2018)。土壤是由大小、形状不同的固体组分和孔隙以一定的形式连结而成的具有不规则形状和自相似结构的多孔介质(方萍等，2011；胡云锋等，2005)，具有一定的分形特征(吴承祯等，1999；杨培岭等，1993；Tyler et al.，1992；Rieu et al.，1991；Turcotte，1986)。传统的土壤质地和结构，是以土壤颗粒大小分布分析为基础，结合相应的分类标准而确定的(张世熔等，2002；吴承祯等，1999；刘松玉等，1997；杨培岭等，1993)。20 世纪 80 年代开始，分形理论在土壤学领域研究中得到应用，成为定量描述土壤结构特征的新方法(Bird et al.，2010；苏永中等，2004；刘建立等，2003；徐绍辉等，2003；黄冠华等，2002；龚元石等，1998；Kravchenko et al.，1998；Pachepsky et al.，1995；杨培岭等，1993；Rieu et al.，1991；Tyler et al.，1990，1989)。土壤颗粒分形维数是表征土壤物理性质的重要参数，可以反映土壤结构几何形状和土壤质量。研究结果表明，土壤颗粒分形维数越高，表征土壤中的黏粒含量越多，结构越紧实，而分形维数越小，土壤中的黏粒含量越少，则土壤质地松散，土壤通透性较好，土壤结构性也就越好(杨培岭等，1993)。简言之，土壤砂粒含量越高，质地越粗，分形维数越小；粉粒和黏粒含量越高，质地越细，分形维数越大(苏永中等，2002)。土壤颗粒分形维数不仅可以用来揭示第四纪以来东亚季风在周期和强度上的变化及淤积区成壤环境的变化(毛龙江等，2006；刘连文等，1999)，而且可以用来揭示沙漠化的演变(Zhao et al.，2006；赵哈林等，1996)。宫阿都等(2001)认为，土壤颗粒的分形维数能客观地反映退化土壤的结构状况和退化程度，可以作为退化土壤结构评价的一项综合性指标。Wei 等(2016)和魏霞等(2015)研究指出，土壤颗粒分形维数可以作为典型淤地坝坝控流域坝地分层淤积物粗化程度的标志，进而可以用来评价坝控流域淤积年限内水土保持措施合理性。因此，利用"土壤砂粒含量越高，分形维数越小，粉粒和黏粒含量越高，分形维数越大"这个结论，对一定年限的土壤粗化或沙化趋势进行识别，进而判断土壤退化或沙化程度，评价坝控流域淤积年限内水土保持措施合理性。

土壤颗粒分形维数(D)计算原理如下：土壤是具有自相似结构的多孔介质，根据 Tyler 等(1992)提出的公式，可知土壤中大于某一粒径 R_i（$R_i > R_{i+1}$，i=1,2,3,…）的土壤颗粒构成的体积 $V(R > R_i)$ 可用式(5.1)表示：

$$V(R > R_i) = C_v \left[1 - \left(\frac{R_i}{\lambda_v} \right)^{3-D} \right] \tag{5.1}$$

式中，R_i 为测定的特征尺度；C_v、λ_v 均为描述土壤颗粒形状与尺度的常数；D 为土壤颗粒分形维数。

由于土壤分析中粒径分析资料是通过筛分法由一定粒径间隔的颗粒质量分布

表示的，因此，用算术平均值 $\overline{R_i}\left(\overline{R_i}=\dfrac{R_i+R_{i+1}}{2}\right)$ 表征位于两筛分粒级 R_i 与 R_{i+1} 之间的颗粒粒径，由式(5.1)可知，土壤中大于给定颗粒平均粒径 $\overline{R_i}$ 的体积为

$$V(R>\overline{R_i})=C_v\left[1-\left(\frac{\overline{R_i}}{\lambda_v}\right)^{3-D}\right] \tag{5.2}$$

式中，$V(R>\overline{R_i})$ 为土壤颗粒粒径大于 $\overline{R_i}$ 的土壤颗粒的体积之和。

当 $\lim\limits_{i\to\infty}R_i=0$ 时，由式(5.2)可得

$$V_T=\lim_{i\to\infty}V_T(R>\overline{R_i})=C_v \tag{5.3}$$

式中，V_T 为各粒级土壤颗粒的体积之和。

将式(5.2)与式(5.3)相除可得

$$\frac{V(R>\overline{R_i})}{V_T}=1-\left(\frac{\overline{R_i}}{C_v}\right)^{3-D} \tag{5.4}$$

同样，当 $R_i=\overline{R}_{\max}$（$\overline{R}_{\max}$ 为土壤中的最大土壤颗粒粒径)时，由式(5.2)可得

$$V(R>\overline{R}_{\max})=0 \tag{5.5}$$

将式(5.5)代入式(5.4)中，可得

$$\frac{V(R>\overline{R}_{\max})}{V_T}=1-\left(\frac{\overline{R}_{\max}}{C_v}\right)^{3-D}=0 \tag{5.6}$$

$$C_v=\overline{R}_{\max} \tag{5.7}$$

通常情况下，可以忽略各土壤颗粒粒径间的相对密度 ρ 差异，认为比例不变，即 $\rho=\rho_i(i=1,2,3\cdots)$，由式(5.4)可得

$$\frac{W(R>\overline{R_i})}{W_T}=\frac{\rho V(R>\overline{R_i})}{\rho V_T}=1-\left(\frac{\overline{R_i}}{\overline{R}_{\max}}\right)^{3-D} \tag{5.8}$$

式中，W 为土壤颗粒质量；W_T 为各粒径土壤颗粒的质量之和。即

$$\frac{W(R>\overline{R_i})}{W_T}=1-\left(\frac{\overline{R_i}}{\overline{R}_{\max}}\right)^{3-D} \tag{5.9}$$

或

$$\frac{W(R<\overline{R_i})}{W_T}=\left(\frac{\overline{R_i}}{\overline{R}_{\max}}\right)^{3-D} \tag{5.10}$$

式(5.10)为土壤颗粒质量分布与土壤颗粒平均粒径间的分形关系式。

继续对式(5.10)进行处理,两边取对数可得

$$\lg \frac{W(R < \overline{R_i})}{W_\mathrm{T}} = (3 - D)\lg\left(\frac{\overline{R_i}}{\overline{R}_{\max}}\right) \tag{5.11}$$

利用最小二乘法对 $\dfrac{W(R < \overline{R_i})}{W_\mathrm{T}}$ 与 $\left(\dfrac{\overline{R_i}}{\overline{R}_{\max}}\right)$ 的对数进行线性拟合,得到该拟合直线方程的斜率,最后由斜率计算得到 D,D 为土壤颗粒分形维数。

5.2　坝控流域水土保持措施合理性评价

5.2.1　石畔峁坝坝控流域水土保持措施合理性评价

石畔峁坝共有淤积层 22 个,由于坝地淤积物最上面的一层已被当作农田耕作,为了提高分析的精度,剔除最顶层的一个淤积层,分析时只考虑下面的 21 个淤积层。石畔峁坝层淤积物土壤粒径分布及土壤颗粒分形维数见表 5.1。由表 5.1 可知,石畔峁淤地坝坝地层淤积物的土壤颗粒分形维数为 2.033～2.219,平均值为 2.143。

表 5.1　石畔峁坝层淤积物土壤粒径分布及土壤颗粒分形维数

淤积层数	土壤粒径分布/%									分形维数	R^2
	<1.0mm	<0.5mm	<0.25mm	<0.1mm	<0.05mm	<0.025mm	<0.01mm	<0.005mm	<0.0025mm		
1	100	100	99.96	95.73	61.46	26.63	3.01	2.00	3.10	2.134	0.90
2	100	100	99.93	93.55	78.54	36.56	3.27	2.00	3.30	2.143	0.87
3	100	100	99.90	95.97	77.79	29.49	3.60	2.36	3.65	2.167	0.88
4	100	100	99.93	87.41	56.95	29.88	2.66	1.92	3.15	2.139	0.89
5	100	100	99.83	96.66	67.89	26.25	3.86	2.34	3.75	2.175	0.89
6	100	100	99.87	97.98	69.55	29.60	3.80	2.43	3.52	2.166	0.89
7	100	100	99.98	91.86	70.44	39.77	3.02	2.25	3.52	2.159	0.87
8	100	100	99.99	90.56	49.14	30.45	3.11	2.18	3.06	2.144	0.90
9	100	100	99.98	90.94	72.43	45.82	3.43	2.10	3.30	2.147	0.87
10	100	100	99.99	87.19	58.61	33.01	3.13	1.96	3.16	2.144	0.89
11	100	100	100.00	95.07	40.46	27.71	4.47	2.43	3.84	2.111	0.93
12	100	100	99.84	88.42	60.60	34.72	3.31	2.04	3.42	2.157	0.88
13	100	100	100.00	94.36	76.81	46.83	4.27	2.37	3.17	2.033	0.90
14	100	100	99.96	86.37	60.58	41.02	3.40	1.95	3.25	2.149	0.88
15	100	100	99.84	93.50	82.81	56.89	3.78	2.48	3.91	2.180	0.84

续表

淤积层数	土壤粒径分布/%									分形维数	R^2
	<1.0mm	<0.5mm	<0.25mm	<0.1mm	<0.05mm	<0.025mm	<0.01mm	<0.005mm	<0.0025mm		
16	100	100	99.94	89.94	70.25	44.94	3.70	2.08	3.76	2.171	0.86
17	100	100	99.97	93.30	76.81	65.32	3.66	2.29	3.81	2.172	0.84
18	100	100	100.00	96.14	63.68	26.75	5.79	2.53	3.96	2.106	0.93
19	100	100	99.90	75.30	51.34	45.06	2.46	1.65	2.78	2.115	0.87
20	100	100	100.00	96.83	79.91	70.89	4.54	2.63	4.00	2.073	0.86
21	100	100	99.97	97.63	77.41	38.44	4.42	2.71	4.82	2.219	0.87

　　图5.1为石畔峁坝坝地层淤积物土壤颗粒分形维数随淤积层数的变化。由图5.1可知，石畔峁坝坝地层淤积物土壤颗粒的分形维数随着淤积层数增加而呈现线性递减趋势，但递减趋势不显著。这能在一定程度上说明，随着淤积层数的增加，分形维数降低。已有研究结果表明，土壤是一种具有分形特征的分散多孔介质，土壤颗粒的分形维数是反映土壤结构几何形状的参数。土壤颗粒分形维数越小，表征土壤砂粒含量越高，质地越粗，土壤质地相对松散；土壤颗粒分形维数越大，表征土壤粉粒和黏粒含量越高，质地越细，土壤结构越紧实。因此，随着淤积厚度的增加，分形维数降低，土壤颗粒变粗，这在一定程度上反映出石畔峁坝坝控流域水土保持措施不合理。

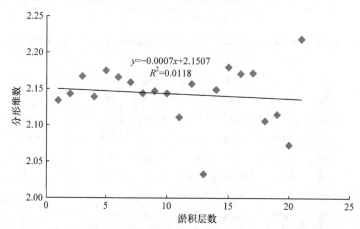

图5.1　石畔峁坝坝地层淤积物土壤颗粒分形维数随淤积层数的变化

　　为了进一步分析淤积年限内典型淤地坝坝控流域坝地分层淤积物颗粒的分形维数随淤积年份的变化，根据本书4.3.1中石畔峁坝坝地层泥沙淤积量与侵蚀性降雨的响应结果，确定出淤积年限内石畔峁坝层淤积物土壤颗粒的分形维数随淤积年份的变化关系，见表5.2，依据表5.2绘制出石畔峁坝坝地层淤积泥沙颗粒的分形维数随淤积年份的变化图，如图 5.2 所示。由图 5.2 可知，淤积年限内石畔峁坝随着淤积年份的增大，分形维数呈现出递减趋势，添加趋势线后，发现拟合曲线满足线性关系，决定系数为 0.7058。随着淤积年份的增加，石畔峁淤地坝坝地各淤积层土壤颗粒分形维数显著($P<0.01$)减小，根据土壤粒径分形的物理意义可知(Wei et al.，2016；魏霞等，2015；苏永中等，2004；宫阿都等，2001；赵哈林等，1996)，随着淤积年份的增大，坝地分层淤积土样中砂粒含量增大，粉粒和黏粒含量减小。因此，石畔峁坝坝控流域淤积年限内不同土地利用类型表层或更深层的土壤存在沙化趋势，淤积年限内坝控流域的水土保持措施不合理。

表 5.2　石畔峁坝坝地层淤积物土壤颗粒的分形维数随淤积年份的变化

淤积年份	淤积层数	分形维数	R^2
1972	1	2.205	0.89
1973	2，3	2.203	0.85
1974	4，5	2.162	0.90
1975	6	2.172	0.84
1976	7，8，9	2.167	0.86
1977	10，11，12，13，14	2.158	0.89
1978	15，16，17，18，19	2.161	0.89
1979	20，21	2.156	0.88

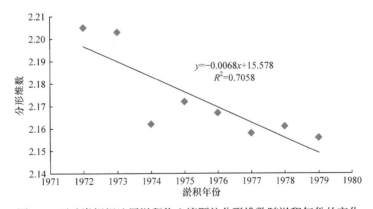

图 5.2　石畔峁坝坝地层淤积物土壤颗粒分形维数随淤积年份的变化

5.2.2　关地沟 3 号坝坝控流域水土保持措施合理性评价

关地沟 3 号坝共有 31 个淤积层，同理，为了减少淤积物顶层人为耕作的影响，剔除最顶层的一个淤积层，分析时只考虑下面的 30 个淤积层。关地沟

3 号坝分层淤积物土壤粒径分布及土壤颗粒分形维数见表 5.3。由表 5.3 可知，关地沟 3 号淤地坝坝地层淤积物土壤颗粒的分形维数为 2.568～2.639，平均值为 2.585。

表 5.3　关地沟 3 号坝层淤积物土壤粒径分布及土壤颗粒分形维数

淤积层数	土壤粒径分布/%									分形维数	R^2
	<1.0mm	<0.5mm	<0.25mm	<0.1mm	<0.05mm	<0.025mm	<0.01mm	<0.005mm	<0.0025mm		
1	100	99.87	99.79	85.10	82.90	70.35	54.68	17.84	5.07	2.597	0.673
2	100	99.98	99.36	88.30	81.70	73.49	56.65	18.85	5.33	2.606	0.663
3	100	99.95	99.45	92.42	92.50	74.62	57.03	19.31	6.45	2.624	0.663
4	100	99.94	99.53	94.44	83.44	71.06	55.37	18.13	4.98	2.595	0.665
5	100	99.98	99.51	87.31	78.24	72.90	55.93	17.47	4.82	2.592	0.666
6	100	99.96	99.69	94.14	85.50	67.81	53.12	16.78	4.71	2.582	0.674
7	100	99.9	99.50	92.45	89.70	75.76	57.93	20.06	7.32	2.639	0.670
8	100	99.98	99.48	90.29	83.06	69.68	52.99	16.02	4.43	2.575	0.672
9	100	99.75	99.25	95.06	75.51	65.30	51.53	15.90	4.54	2.573	0.691
10	100	99.83	99.33	93.22	82.3	65.05	51.78	16.05	4.76	2.578	0.689
11	100	99.88	99.64	92.07	72.73	65.05	51.83	16.13	4.61	2.576	0.695
12	100	99.86	99.36	86.00	74.00	66.05	52.92	16.66	4.63	2.581	0.689
13	100	99.92	99.75	90.25	76.74	67.12	52.81	16.53	4.94	2.586	0.690
14	100	99.95	99.70	86.70	81.30	66.75	52.45	16.19	4.52	2.577	0.682
15	100	99.94	99.44	89.54	75.91	66.21	52.29	16.10	4.93	2.583	0.695
16	100	99.85	99.35	91.23	75.47	67.57	52.50	16.29	4.60	2.578	0.686
17	100	99.79	99.29	87.00	80.00	63.10	50.88	15.48	4.40	2.569	0.694
18	100	99.98	99.58	87.00	73.20	65.32	52.74	16.52	4.61	2.580	0.691
19	100	99.86	99.36	88.40	71.20	62.64	50.37	15.41	4.41	2.568	0.704
20	100	99.93	99.53	92.36	74.32	66.79	53.04	16.56	4.56	2.578	0.684
21	100	99.77	99.27	91.45	80.30	67.16	53.63	16.99	4.86	2.587	0.681
22	100	99.85	99.75	89.38	84.36	68.36	52.87	16.56	4.38	2.576	0.671
23	100	99.94	99.64	95.98	88.60	70.83	52.47	16.01	4.18	2.569	0.661
24	100	99.89	98.88	94.34	81.36	69.03	53.59	17.32	4.65	2.584	0.672
25	100	99.81	99.31	91.47	80.46	69.22	53.34	16.85	4.68	2.583	0.676
26	100	99.96	99.56	92.73	81.60	68.62	54.83	18.25	4.79	2.591	0.669
27	100	99.93	99.43	95.36	83.85	68.45	52.33	16.56	4.85	2.583	0.680
28	100	99.76	99.67	94.33	84.26	68.05	52.45	16.42	4.77	2.581	0.679
29	100	99.93	99.63	90.36	80.80	68.32	52.79	16.65	4.99	2.587	0.679
30	100	99.92	99.42	93.95	82.36	67.88	52.49	16.39	4.68	2.580	0.679

　　图 5.3 为关地沟 3 号坝坝地层淤积物土壤颗粒分形维数随淤积层数的变化。由图 5.3 可知，关地沟 3 号坝坝地层淤积物颗粒的分形维数随着淤积层数增多，呈现显著($P<0.05$)的线性递减趋势。已有研究结果表明，土壤颗粒分形维数越小，表明土壤砂粒含量越高，质地越粗；土壤颗粒分形维数越大，表明土壤粉粒和黏粒含量越高，质地越细。因此，随着淤积厚度的增加，关地沟 3 号坝坝地层淤积物土壤颗粒的分形维数降低，土壤颗粒存在变粗趋势，这反映了关地沟 3 号坝坝控流域水土保持措施不合理。

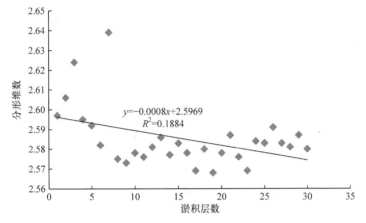

图 5.3　关地沟 3 号坝坝地层淤积物土壤颗粒分形维数随淤积层数的变化

　　为了进一步分析关地沟 3 号坝淤积年限内坝地层淤积物土壤颗粒分形维数随淤积年份的变化趋势，根据本书 4.3.3 小节中关地沟 3 号坝坝地层泥沙淤积量与侵蚀性降雨的对应结果，确定出淤积年限内关地沟 3 号坝坝地层淤积物土壤颗粒分形维数与淤积年份的对应关系，见表 5.4。根据表 5.4 绘制出关地沟 3 号坝坝地层淤积物土壤颗粒的分形维数随淤积年份的变化趋势图，如图 5.4 所示。由图 5.4 可知，关地沟 3 号淤地坝坝地层淤积物土壤颗粒的分形维数在淤积年限内随着淤积年份的增加而减小，拟合曲线满足线性关系，决定系数为 0.3324，关地沟 3 号坝坝地层淤积物土壤颗粒的分形维数随淤积年份的增加显著减小($P<0.01$)。根据土壤粒径分形的物理意义可知(Wei et al.,2016；魏霞等,2015；苏永中等，2004；宫阿都等，2001；赵哈林等，1996)，随着淤积年份的增加，关地沟 3 号坝坝地分层淤积物中砂粒含量增大，粉粒和黏粒含量减小。因此，关地沟 3 号淤地坝在淤积年限内坝控流域不同利用类型土地表层或者更深层的土壤存在沙化趋势，即关地沟 3 号淤地坝淤积年限内坝控流域水土保持措施不合理。

表 5.4 关地沟 3 号坝坝地层淤积物土壤颗粒的分形维数随淤积年份的变化

淤积年份	淤积层数	分形维数	R^2
1959	1	2.597	0.673
1961	2，3，4	2.608	0.664
1963	5，6，7	2.604	0.670
1964	8	2.575	0.672
1969	9	2.573	0.691
1971	10	2.578	0.689
1973	11	2.576	0.695
1974	12	2.581	0.689
1977	13	2.586	0.690
1980	14	2.577	0.682
1981	15，16	2.581	0.686
1982	17，18	2.574	0.692
1983	19	2.568	0.704
1984	20，21	2.583	0.683
1985	22，23	2.572	0.666
1986	24，25，26，27	2.585	0.674
1987	28，29，30	2.582	0.679

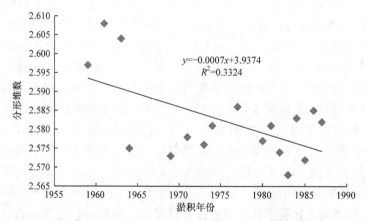

图 5.4 关地沟 3 号坝坝地层淤积物土壤颗粒的分形维数随淤积年份的变化

5.2.3 关地沟 4 号坝坝控流域水土保持措施合理性评价

关地沟 4 号坝共有 32 个淤积层，同理，为了减少淤积物顶层人为耕作的影响，剔除最顶层的一个淤积层，分析时只考虑下面的 31 个淤积层。关地沟 4 号坝层淤积物土壤粒径分布及土壤颗粒的分形维数见表 5.5。由表 5.5 中可知，关地沟 4 号坝坝地层淤积物的土壤颗粒分形维数为 2.562～2.641，平均值为 2.606。

表 5.5　关地沟 4 号坝分层淤积物土壤粒径分布及土壤颗粒的分形维数

淤积层数	土壤粒径分布/%									分形维数	R^2
	<1.0mm	<0.5mm	<0.25mm	<0.1mm	<0.05mm	<0.025mm	<0.01mm	<0.005mm	<0.0025mm		
1	100	99.01	98.40	90.40	82.11	59.20	52.48	18.62	3.48	2.562	0.66
2	100	99.98	99.55	91.05	83.30	60.60	53.17	18.41	5.76	2.604	0.70
3	100	99.91	99.31	90.91	78.30	64.00	53.38	18.62	5.19	2.597	0.69
4	100	99.84	99.24	91.46	82.10	66.10	52.96	18.32	5.48	2.601	0.69
5	100	99.84	99.24	90.24	80.50	64.30	53.52	18.72	5.59	2.604	0.69
6	100	99.89	99.46	92.05	81.50	67.10	53.17	23.04	7.31	2.641	0.70
7	100	99.92	99.61	90.61	78.40	67.40	52.90	18.69	5.72	2.606	0.69
8	100	99.72	99.12	91.00	78.30	67.40	53.66	18.69	5.97	2.611	0.70
9	100	99.90	99.30	90.30	77.80	68.60	53.86	22.00	6.28	2.627	0.69
10	100	99.87	99.42	91.63	81.00	68.60	52.76	18.62	5.79	2.607	0.69
11	100	99.86	99.26	90.26	77.40	67.80	52.41	18.55	5.52	2.603	0.69
12	100	99.76	99.47	90.47	79.10	69.30	51.79	18.35	5.45	2.601	0.69
13	100	99.98	99.38	91.09	81.80	70.30	53.38	18.55	5.90	2.610	0.69
14	100	99.94	99.34	90.34	79.80	67.10	52.28	18.41	5.62	2.603	0.69
15	100	99.76	99.16	90.91	78.10	65.43	51.86	18.31	5.59	2.602	0.70
16	100	99.93	99.75	91.00	84.00	67.40	52.76	18.41	5.90	2.608	0.69
17	100	99.84	99.24	91.09	80.80	67.80	53.66	18.90	6.07	2.613	0.69
18	100	99.87	99.44	90.44	82.00	65.80	52.48	18.35	5.75	2.605	0.70
19	100	99.79	99.42	91.00	79.30	64.30	52.34	18.52	5.52	2.601	0.70
20	100	99.95	99.65	90.65	77.60	64.60	52.62	18.45	5.66	2.604	0.70
21	100	99.86	99.26	91.09	83.30	64.80	52.90	18.62	5.69	2.605	0.69
22	100	99.98	99.38	90.91	79.80	68.00	54.07	21.17	7.28	2.637	0.70
23	100	99.86	99.54	92.00	80.50	64.80	52.34	18.55	5.45	2.600	0.69
24	100	99.96	99.62	91.00	82.30	64.30	52.55	18.52	5.72	2.604	0.70
25	100	99.87	99.27	91.00	80.80	66.80	53.10	19.24	5.59	2.606	0.69
26	100	99.96	99.36	91.00	79.80	67.30	53.03	18.59	5.41	2.601	0.69
27	100	99.88	99.70	90.70	80.10	68.40	53.10	19.17	5.69	2.608	0.69
28	100	99.88	99.28	91.09	78.60	66.80	52.90	18.86	5.41	2.602	0.69
29	100	99.93	99.33	91.00	81.10	64.30	51.79	18.00	5.62	2.601	0.70
30	100	99.89	99.44	90.44	81.10	64.00	51.93	20.38	5.97	2.614	0.70
31	100	99.86	99.26	91.09	80.80	64.80	52.62	18.28	5.45	2.600	0.69

由图 5.5 可知, 关地沟 4 号坝坝地层淤积物土壤颗粒的分形维数随着淤积层数呈现线性递增的趋势, 但递增趋势不显著。同理, 土壤颗粒分形维数越大, 表明土壤粉粒和黏粒含量越高, 质地越细。因此, 关地沟 4 号坝层淤积物土壤颗粒分形维数随着淤积厚度的增加而增大, 反映出关地沟 4 号坝坝控流域水土保持措施相对合理。

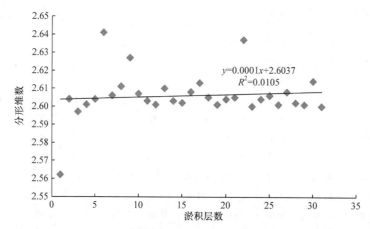

图 5.5　关地沟 4 号坝坝地层淤积物土壤颗粒分形维数随淤积层数的变化

为了进一步分析关地沟 4 号坝淤积年限内坝地层淤积物土壤颗粒的分形维数随淤积年份的变化特征, 根据本书 4.3.4 小节中的关地沟 4 号坝的层泥沙淤积量与侵蚀性降雨对应结果, 确定出淤积年限内关地沟 4 号坝层淤积物土壤颗粒的分形维数与淤积年份的对应关系, 如表 5.6 所示。根据表 5.6 绘制出关地沟 4 号坝坝地层淤积物土壤颗粒的分形维数随淤积年份的变化图, 如图 5.6 所示。由图 5.6 可知, 淤积年限内关地沟 4 号坝坝地层淤积物土壤颗粒的分形维数随着淤积年份的增大, 呈现出递减趋势, 拟合曲线满足线性关系, 但线性关系不显著, 决定系数仅为 0.0214。可见随着淤积年份的增大, 关地沟 4 号坝坝地层淤积物土壤颗粒的分形维数逐渐减小。根据土壤粒径分形的物理意义可知(Wei et al., 2016; 魏霞等, 2015; 苏永中等, 2004; 宫阿都等, 2001; 赵哈林等, 1996), 坝地层淤积物土壤中砂粒含量随着淤积年限的增加而增大, 粉粒和黏粒含量减小。因此, 关地沟 4 号坝坝控流域不同利用类型土地表层或更深层的土壤可能存在沙化趋势, 淤积年限内坝控流域水土保持措施可能不合理。

表 5.6　关地沟 4 号坝坝地层淤积物土壤颗粒的分形维数随淤积年份的变化

淤积年份	淤积层数	分形维数	R^2
1961	1, 2, 3	2.562	0.70
1963	4, 5, 6, 7, 8	2.611	0.69
1964	9, 10	2.601	0.69

续表

淤积年份	淤积层数	分形维数	R^2
1966	11, 12	2.614	0.69
1969	13	2.598	0.70
1971	14	2.609	0.70
1973	15, 16, 17	2.635	0.70
1974	18	2.612	0.69
1977	19, 20	2.602	0.70
1980	21	2.605	0.70
1981	22	2.613	0.70
1982	23	2.598	0.69
1983	24	2.607	0.69
1984	25	2.602	0.69
1985	26	2.621	0.69
1986	27, 28	2.614	0.69
1987	29, 30, 31	2.594	0.68

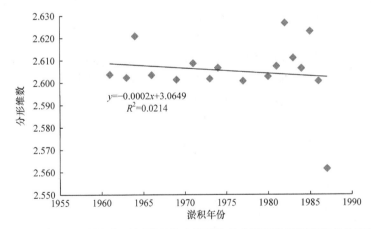

图 5.6　关地沟 4 号坝坝地层淤积物土壤颗粒的分形维数随淤积年份的变化

5.2.4　张山坝坝控流域水土保持措施合理性评价

张山坝共有 17 个淤积层，同理，为了减少淤积物顶层人为耕作的影响，剔除最顶层的一个淤积层，坝控流域水土保持措施合理性分析时只考虑 16 个淤积层。张山坝层淤积物土壤粒径分布及土壤颗粒的分形维数见表 5.7。由表 5.7 可知，张山坝坝地层淤积物颗粒的分形维数为 2.166～2.233，平均值为 2.196。

表 5.7　张山坝层淤积物土壤粒径分布及土壤颗粒分形维数

淤积层数	土壤粒径分布/%									分形维数	R^2
	<1.0mm	<0.5mm	<0.25mm	<0.1mm	<0.05mm	<0.025mm	<0.01mm	<0.005mm	<0.0025mm		
1	100.00	99.90	82.68	47.96	19.58	6.92	2.37	1.99	1.91	2.195	0.94
2	99.98	99.94	91.5	81.21	41.70	6.79	2.81	2.17	1.93	2.194	0.89
3	99.97	99.93	79.17	48.19	25.48	8.43	2.77	2.31	2.25	2.232	0.94
4	100.00	100.00	92.23	45.34	24.16	9.12	2.74	2.56	2.23	2.233	0.94
5	100.00	99.97	92.36	37.93	15.22	6.98	2.49	2.09	2.05	2.206	0.95
6	100.00	99.87	93.22	51.94	19.74	8.93	2.75	2.25	1.79	2.202	0.95
7	100.00	99.94	92.13	46.36	23.46	9.01	2.85	2.21	1.95	2.213	0.95
8	100.00	99.90	91.12	64.43	29.09	7.22	2.89	2.65	2.16	2.224	0.92
9	100.00	99.98	95.98	40.04	14.67	6.89	2.53	1.82	1.36	2.169	0.96
10	100.00	99.91	86.78	51.22	17.22	6.61	2.30	1.99	1.71	2.179	0.94
11	100.00	99.97	96.85	74.85	34.01	7.86	2.47	1.83	1.67	2.166	0.91
12	100.00	99.99	89.75	46.91	17.01	7.52	2.47	1.97	1.46	2.171	0.95
13	99.99	99.96	89.84	40.24	23.74	10.13	2.69	2.07	1.40	2.184	0.95
14	100.00	99.95	84.39	39.32	17.91	8.42	2.60	2.22	1.61	2.199	0.96
15	100.00	100.00	95.82	39.86	14.82	7.51	2.76	2.22	1.44	2.183	0.96
16	100.00	99.94	86.54	48.22	18.59	7.92	2.77	2.19	1.54	2.190	0.96

　　图 5.7 为张山坝坝地层淤积物土壤颗粒的分形维数随淤积层数的变化。由图 5.7 可知，张山坝坝地层淤积物土壤颗粒的分形维数随着淤积层数增大，呈现显著($P<0.01$)的线性递减趋势。同理，随着淤积层数的增加，分形维数降低，土壤颗粒变粗，这反映出张山坝坝控流域水土保持措施不合理。

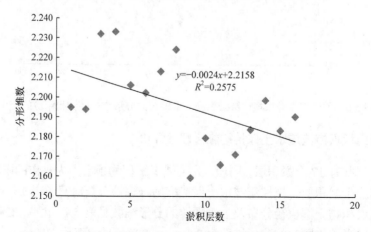

图 5.7　张山坝坝地层淤积物土壤颗粒分形维数随淤积层数的变化

　　由于未收集到张山坝淤积年限内相应水文站的降雨资料序列，未能将淤积层序列与侵蚀性降雨序列相对应，无法分析张山坝的层淤积物土壤颗粒分形维数随淤积年份的变化趋势，但由图 5.7 可知，该典型淤地坝在淤积年限内随着淤积层数的增大，坝地淤积物土壤颗粒的分形维数呈现出递减趋势，拟合曲线满足线性关系，决定系数为 0.2575。虽然该典型淤地坝的淤积层无法准确对应至相应的淤积年份，但淤积层从下至上也存在着淤积的先后顺序，因此坝地层淤积物土壤颗粒的分形维数随着淤积层数的增加呈现出的显著($P<0.01$)的递减趋势，在一定程度上也能反映出坝地层淤积物土壤颗粒的分形维数随着淤积年份的增大，呈现同样的递减趋势。根据土壤粒径分形的物理意义可知(Wei et al., 2016；魏霞等，2015；苏永中等，2004；宫阿都等，2001；赵哈林等，1996)，随着淤积年份的增加，坝地层淤积物中砂粒含量增大，粉粒和黏粒含量减小。因此，张山坝坝控流域不同利用类型土地表层或更深层的土壤存在沙化趋势，淤积年限内坝控流域水土保持措施不合理。

　　本章计算了所选陕北黄土高原四座典型淤地坝坝地层淤积物土壤颗粒的分形维数。石畔峁坝、关地沟 3 号坝、关地沟 4 号坝和张山坝的坝地层淤积物土壤颗粒的分形维数分别为 2.033～2.219、2.568～2.639、2.562～2.641、2.166～2.233，相应的分形维数均值分别为 2.143、2.585、2.606、2.196。由土壤粒径的分形概念可知，石畔峁淤地坝所在的小河沟流域的土壤颗粒最粗，张山坝所在的红河则流域的土壤颗粒次之，关地沟 3 号坝和关地沟 4 号坝所在的王茂沟小流域的土壤颗粒最细。同时，分析了典型淤地坝坝地层淤积物土壤颗粒的分形维数随淤积层数和淤积年份的变化趋势，结果表明，四座典型淤地坝的坝地层淤积物随淤积层数和淤积年份的增加，都呈现出减小的趋势。因此，四座典型淤地坝坝控流域不同利用类型土地表层或者更深层的土壤存在沙化趋势，淤积年限内坝控流域水土保持措施不合理。本研究方法拓宽了水土保持措施合理性的评价方法，研究结果为坝控流域水土保持措施的合理配置提供科学指导。

参 考 文 献

董仁才, 余丽军, 2008. 小流域综合治理效益评价的新思路[J]. 中国水土保持, 29(11): 22-24.

方萍, 吕成文, 朱艾莉, 2011. 分形方法在土壤特性空间变异研究中的应用[J]. 土壤, 43(5): 710-713.

宫阿都, 何毓蓉, 2001. 金沙江干热河谷区退化土壤结构的分形特征研究[J]. 水土保持学报, 15(3): 112-115.

龚元石, 廖超子, 1998. 土壤含水量和容重的空间变异及其分形特征[J]. 土壤学报, 35(1): 10-15.

胡云锋, 刘纪远, 庄大方, 等, 2005. 不同土地利用/土地覆盖下土壤粒径分布的分维特征[J]. 土壤学报, 42(2):

336-339.

黄冠华, 詹卫华, 2002. 土壤颗粒的分形特征及其应用[J]. 土壤学报, 39(4): 490-497.

李德成, 张桃林, 2000. 中国土壤颗粒组成的分形特征研究[J]. 土壤与环境, 9(4): 263-265.

李敏, 张长印, 王海燕, 2019. 黄土高原水土保持治理阶段研究[J]. 中国水土保持, 40(2): 1-4.

李锐, 2019. 黄土高原水土保持工作 70 年回顾与启示[J]. 水土保持通报, 39(6): 298-301.

刘建立, 徐绍辉, 2003. 根据颗粒大小分布估计土壤水分特征曲线: 分形模型的应用[J]. 土壤学报, 40(1): 46-52.

刘连文, 陈骏, 季峻峰, 1999. 陕西洛川黄土的粒度分维值及其意义[J]. 高校地质学报, 5(4): 412-417.

刘松玉, 张继文, 1997. 土中孔隙分布的分形特征研究[J]. 东南大学学报: 自然科学版, 27(3): 127-130.

路琴, 杨明, 何春霞, 2009. 分形理论及其在农业科学与工程中的应用[J]. 土壤通报, 40(3): 258-262.

毛龙江, 刘晓燕, 许叶华, 2006. 南京江北地区下蜀黄土粒度分形与全新世环境演变[J].中国沙漠, 26(2):264-267.

苏永中, 赵哈林, 2004. 科尔沁沙地农田沙漠化演变中土壤颗粒分析特征[J]. 生态学报, 24(1): 71-74.

苏永中, 赵哈林, 张铜会, 等, 2002. 科尔沁沙地旱作农田土壤退化的过程和特征[J]. 水土保持学报, 16(1): 25-28.

唐克丽, 2004. 中国水土保持[M]. 北京: 科学出版社.

魏霞, 李勋贵, 李耀军, 2015. 典型淤地坝坝控流域水土保持措施的合理性分析[J]. 水土保持通报, 35 (3): 12-17.

吴承祯, 洪伟, 1999. 不同经营模式团粒结构的分形特征研究[J]. 土壤学报, 36(2): 162-167.

徐绍辉, 刘建立, 2003. 估计不同质地土壤水分特征曲线的分形方法[J]. 水利学报, 34(1): 78-82.

杨茂林, 2018. 基于分形理论的饱和土壤中土壤-空气换热器温度场的研究[D]. 太原: 太原理工大学.

杨培岭, 罗远培, 石元春, 1993. 用粒径的重量分布表征的土壤分形特征[J]. 科学通报, 38(20): 1896-1899.

张世熔, 邓良基, 周倩, 等, 2002. 耕层土壤颗粒表面的分形维数及其与主要土壤特性的关系[J]. 土壤学报, 39(2): 221-226.

赵哈林, 黄学文, 何宗颖, 1996. 科尔沁沙地农田沙漠化演变的研究[J]. 土壤学报, 33(3): 242-248.

曾志远, 曹锦铎, 1991. 分数维几何学在地学和土壤制图学上的应用[J]. 土壤, 23(3): 117-122.

BIRD N R A, BARTOLI F, DEXTER A R, 2010. Water retention models for fractal soil structures[J]. European Journal of Soil Science, 47(1): 1-6.

BURROUGH P A, 1981. Fractal dimensions of landscapes and other environmental data[J]. Nature, 294: 240-242.

KRAVCHENKO A, ZHANG R, 1998. Estimating the Soil Water Retention From Particle-Size Distributions: A Fractal Approach[J]. Soil Science, 163(3): 171-179.

LIU X, ZHANG G C, HEATHMAN G C, et al., 2009. Fractal features of soil particle-size distribution as affected by plant communities in the forested region of Mountain Yimeng, China[J]. Geoderma, 154(1-2): 123-130.

MANDELBROT B B, 1983. The Fractal Geometry of Nature: Updated and Augmented[M]. New York: W. H. Freeman and Company.

MANDELBROT B B, AIZENMAN M, 1979. Fractals: form, chance, and dimension[J]. Physics Today, 32(5): 65-66.

PACHEPSKY Y A, SHCHERBAKOV R A, KORSUNSKAYA L P, 1995. Scaling of soil water retention using a fractal model[J]. Soil Science, 159(2): 99-104.

RIEU M, SPOSITO G, 1991. Fractal fragmentation, soil porosity, and soil water properties[J]. Soil Science Society of America Journal, 55: 1231-1244.

TURCOTTE D L, 1986. Fractal fragmentation[J]. Journal Geography Research. 91(12): 1921-1926.

TYLER S W, WHEATCRAFT S W, 1989. Application of Fractal Mathematics to Soil Water Retention Estimation[J]. Soil Science Society of America Journal, 53(4): 987-996.

TYLER S W, WHEATCRAFT S W, 1990. Fractal processes in soil water retention[J]. Water Resources Research, 26(5):

1047-1054.

TYLER S W, WHEATCRAFT S W, 1992. Fractal scaling of soil particle-size distributions: Analysis and limitations [J]. Soil Science Society of America Journal, 56: 362-369.

WEI X, LI X, WEI N, 2016. Fractal features of soil particle size distribution in layered sediments behind two check dams: Implications for the Loess Plateau, China[J]. Geomorphology, 266: 133-145.

ZHAO H L, ZHOU R L, ZHANG T H, et al., 2006. Effects of desertification on soil and crop growth properties in Horqin sandy cropland of Inner Mongolia, north China[J]. Soil & Tillage Research, 87(2): 175-185.